1 かずと　すうじ①

もくひょうじかん 20ぷん

がくしゅうした日　　月　　日

なまえ

とくてん　／100てん

1101
解説→169ページ

らくらくマルつけ

1 おなじ　かずだけ　○に　い[illegible]ぬりましょう。　[illegible]てん【50てん】

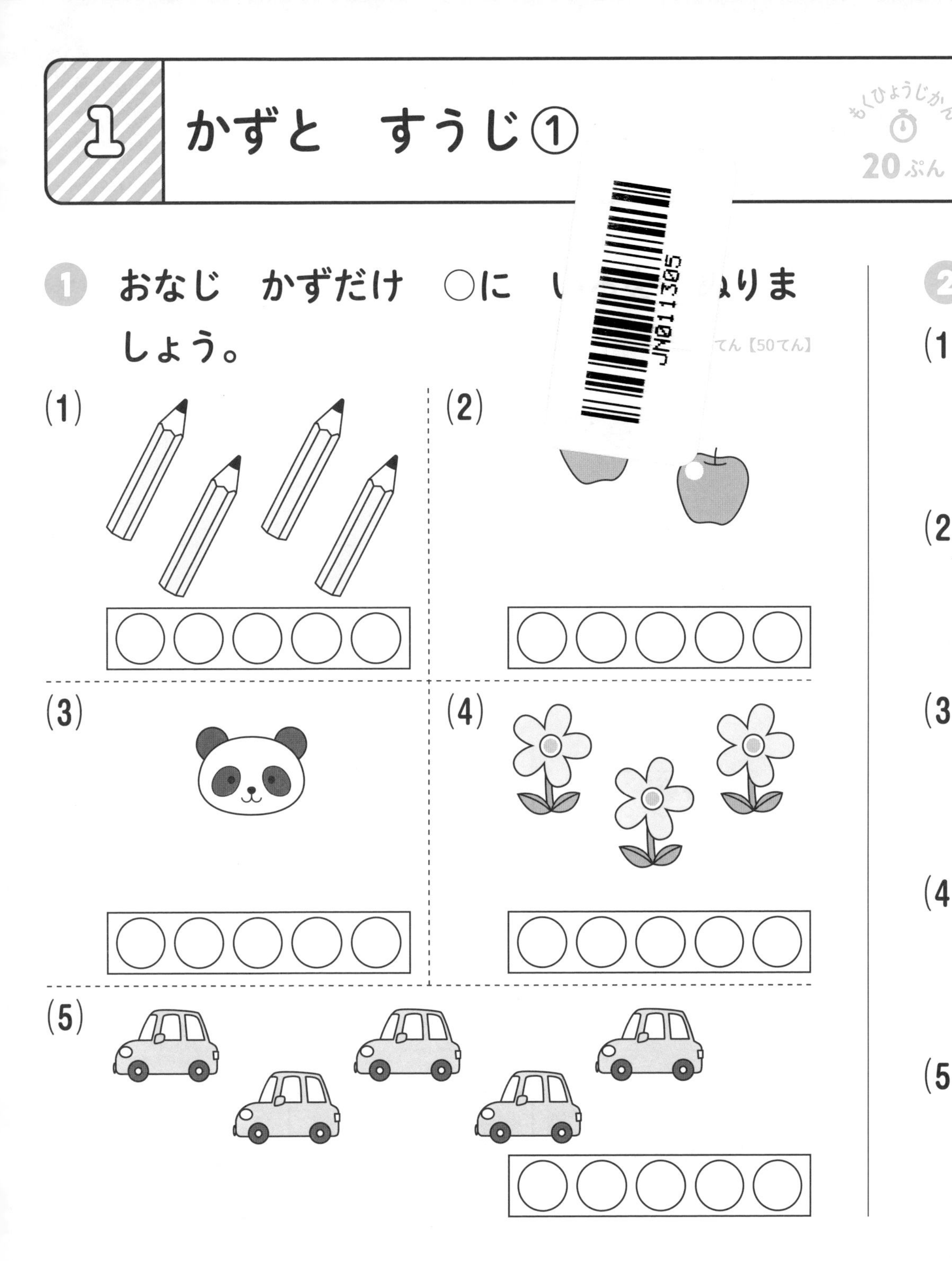

2 すうじを　かきましょう。　1つ10てん【50てん】

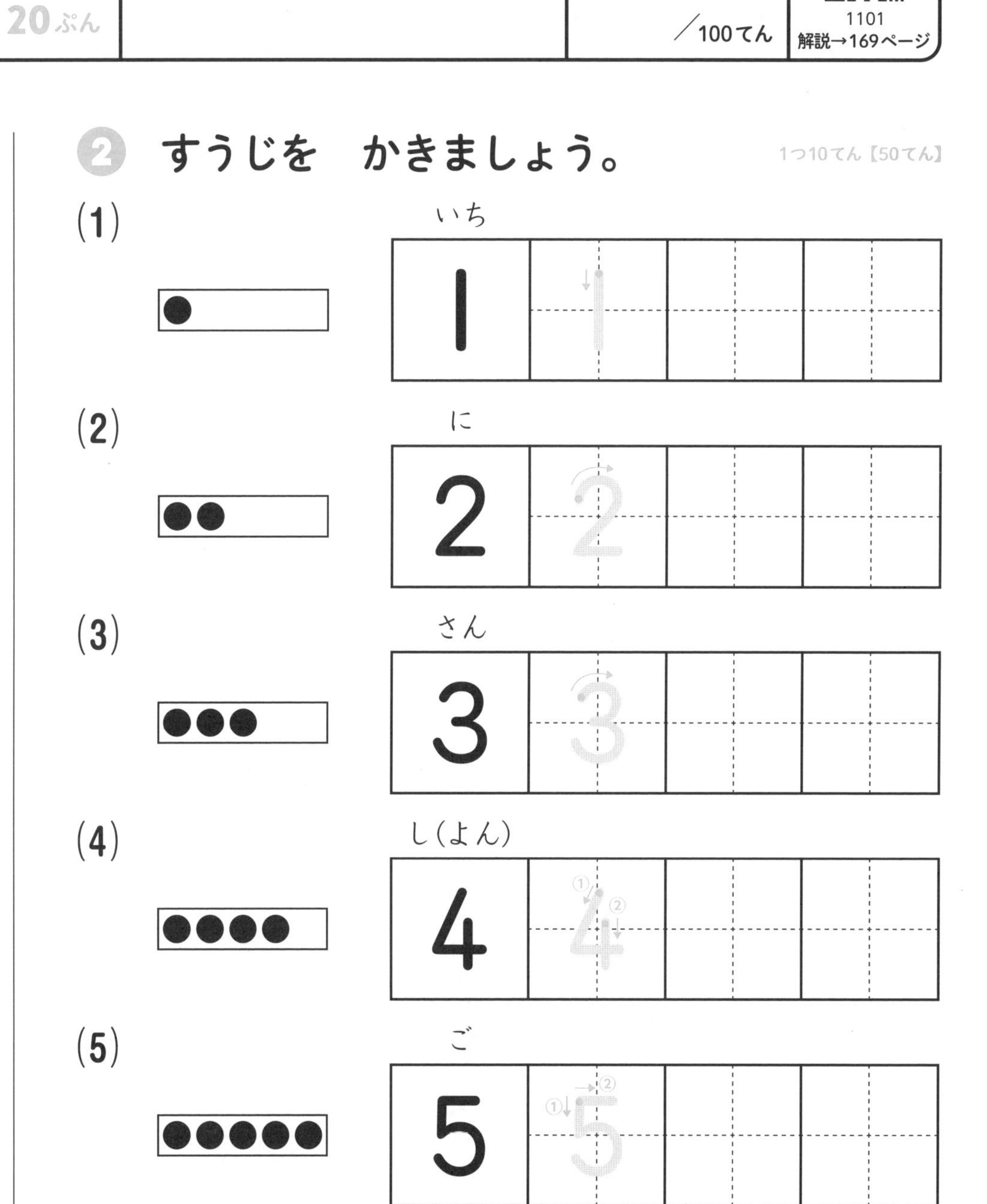

＼もう１回チャレンジ!!／

かずと　すうじ①

がくしゅうした日　月　日

なまえ

とくてん　／100てん

❶ おなじ　かずだけ　○に　いろを　ぬりましょう。

1つ10てん【50てん】

(1)

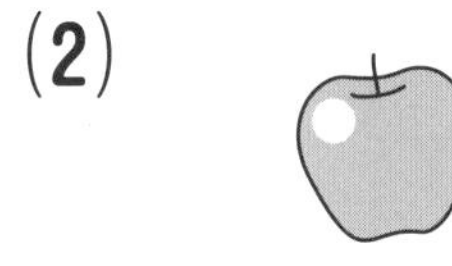

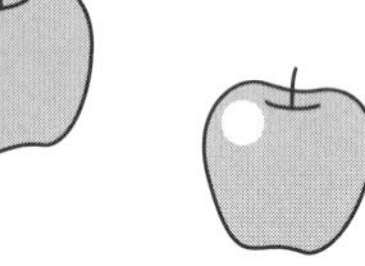

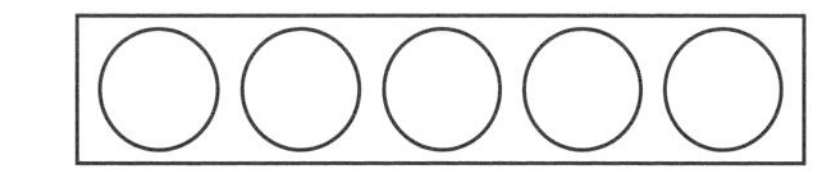

(2)

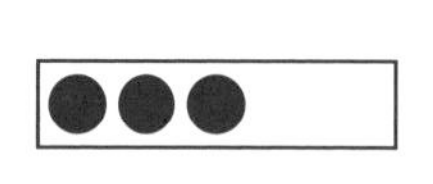

(3)

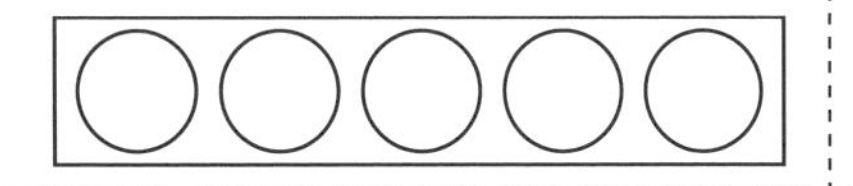

(4)

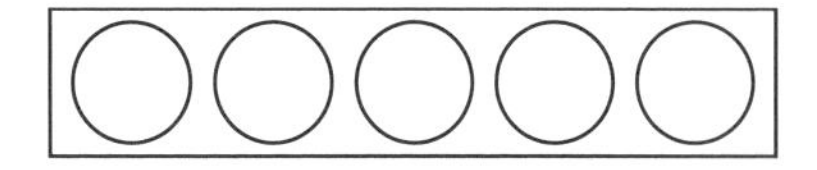

(5)

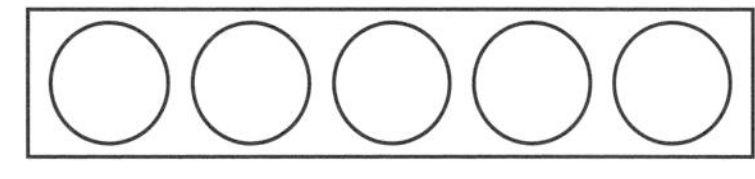

❷ すうじを　かきましょう。

1つ10てん【50てん】

(1) いち　1

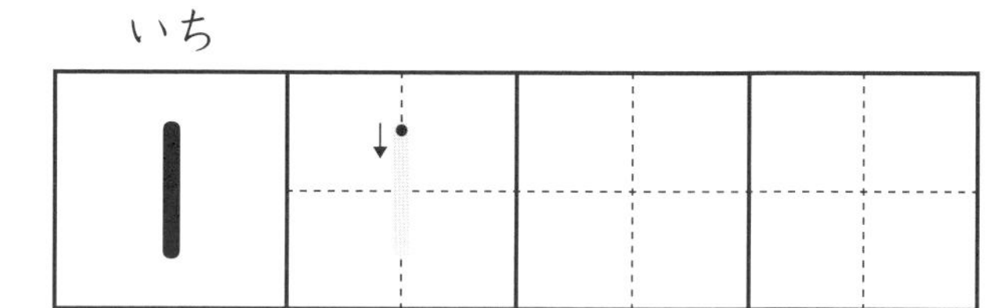

(2) に　2

(3) さん　3

(4) し（よん）　4

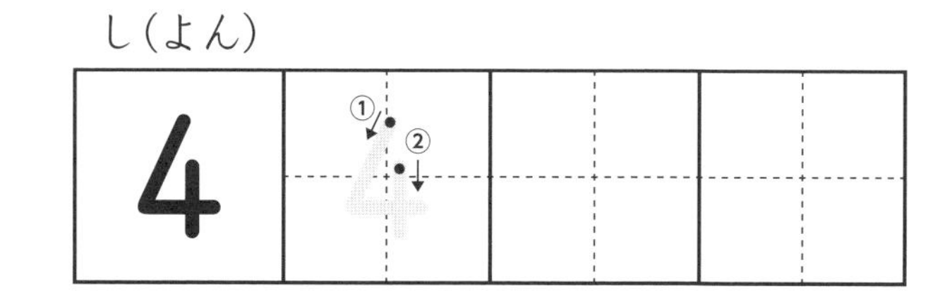

(5) ご　5

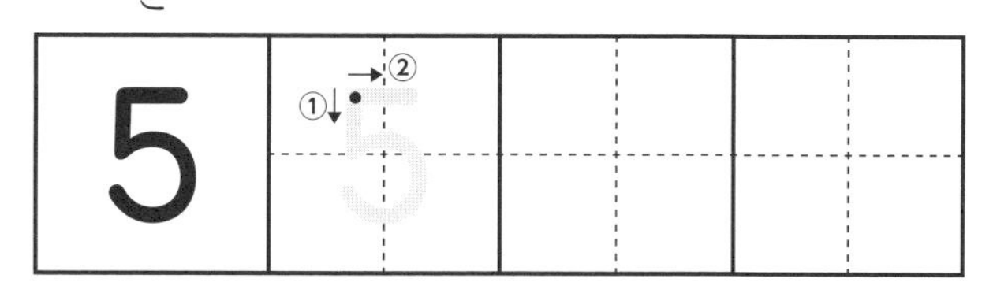

2 かずと　すうじ②

がくしゅうした日　　月　　日

なまえ

とくてん

／100てん

1102
解説→169ページ

❶ かずを　かぞえて　□に　すうじで　かきましょう。　1つ6てん【30てん】

(1)

□

(2)

□

(3)

□

(4)

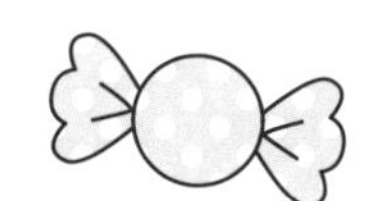

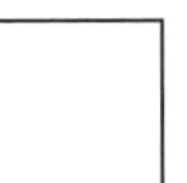

□

(5)

□

❷ つぎの　かずを　かきましょう。　1つ10てん【70てん】

1－2－3－4－5

(1) 2より　1　おおきい　かず　□

(2) 1より　1　おおきい　かず　□

(3) 5より　1　ちいさい　かず　□

(4) 3より　2　ちいさい　かず　□

(5) 3より　2　おおきい　かず　□

(6) 4より　2　ちいさい　かず　□

(7) 4より　1　おおきい　かず　□

＼もう１回チャレンジ!! ／

２ かずと　すうじ②

もくひょうじかん 20ぷん

がくしゅうした日　　月　　日

なまえ

とくてん　　／100てん

らくらくマルつけ

1102 解説→169ページ

❶ かずを　かぞえて　□に　すうじで　かきましょう。　1つ6てん【30てん】

(1)

(2)

(3)

(4)

(5)

❷ つぎの　かずを　かきましょう。　1つ10てん【70てん】

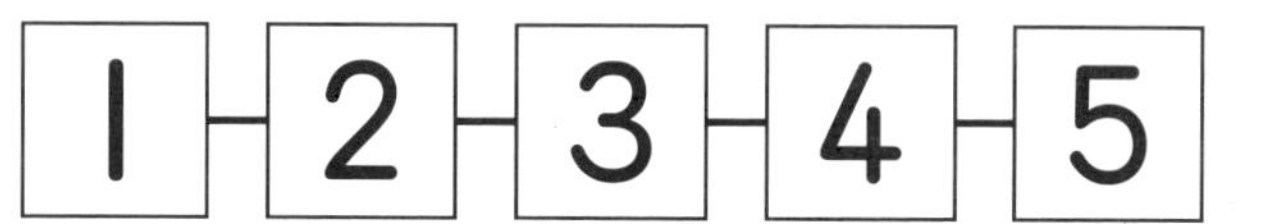

(1) 2より　1　おおきい　かず

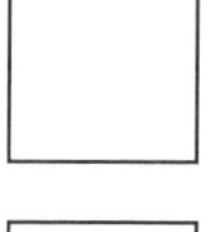

(2) 1より　1　おおきい　かず

(3) 5より　1　ちいさい　かず

(4) 3より　2　ちいさい　かず

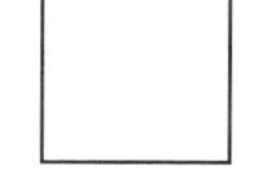

(5) 3より　2　おおきい　かず

(6) 4より　2　ちいさい　かず

(7) 4より　1　おおきい　かず

かずと　すうじ③

がくしゅうした日　月　日

なまえ

とくてん

／100てん

1103
解説→169ページ

1 おなじ　かずだけ　○に　いろを　ぬりましょう。 1つ10てん【50てん】

(1)

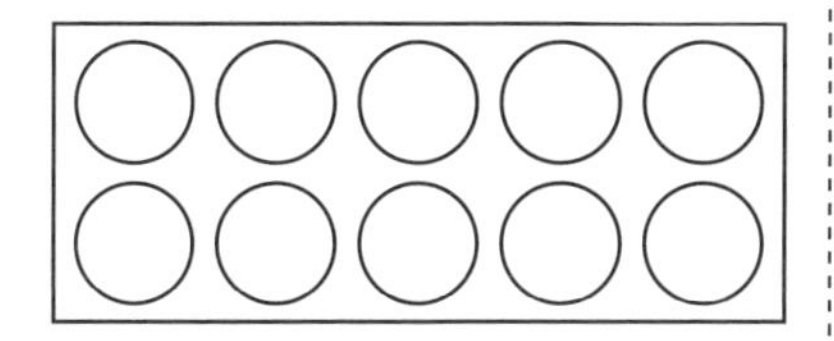

(2)

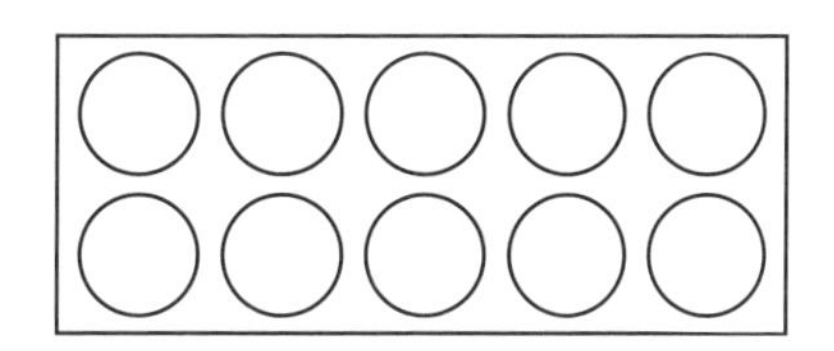

(3)

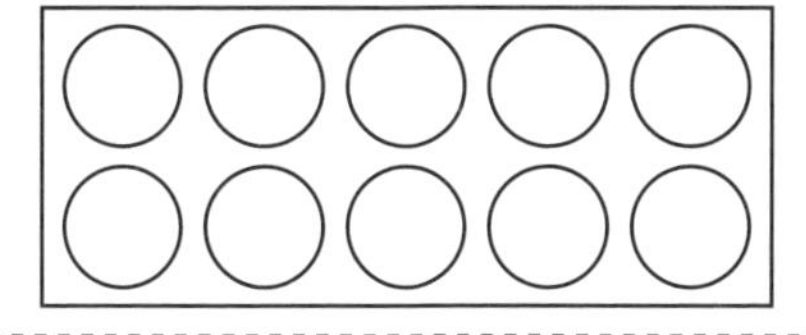

(4)

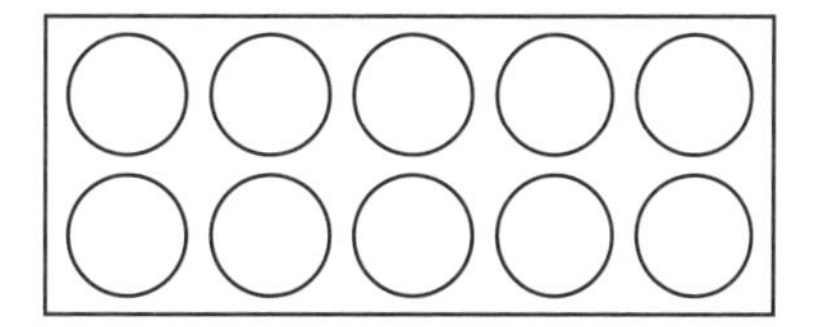

(5)

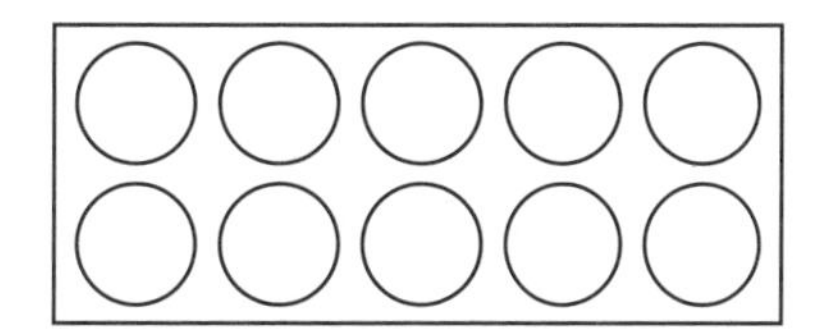

2 すうじを　かきましょう。 1つ10てん【50てん】

(1)

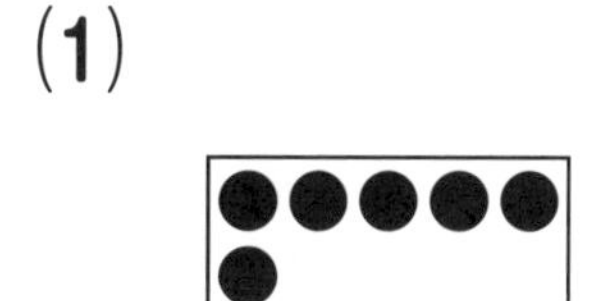

ろく

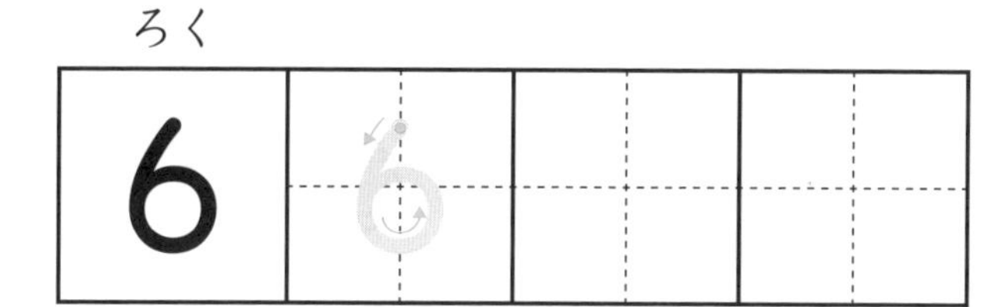

(2)

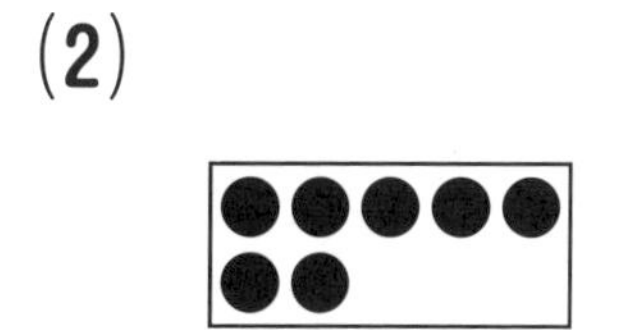

しち(なな)

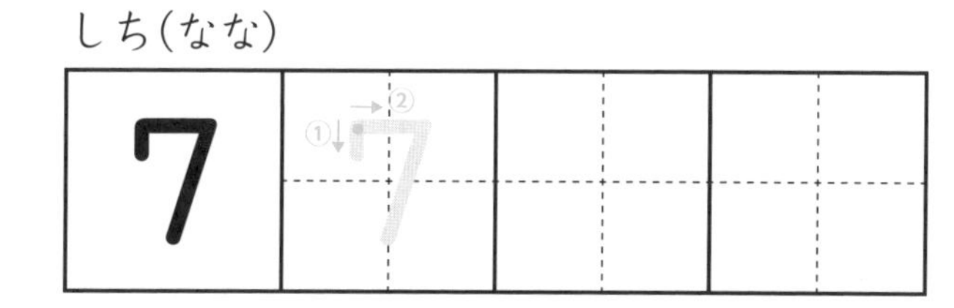

(3)

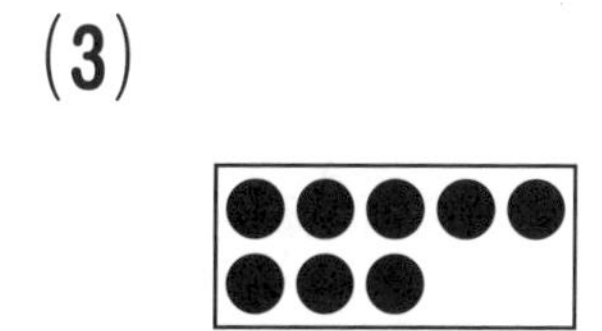

はち

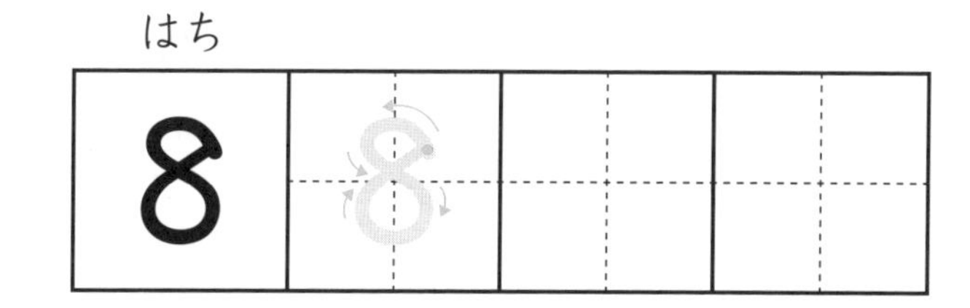

(4)

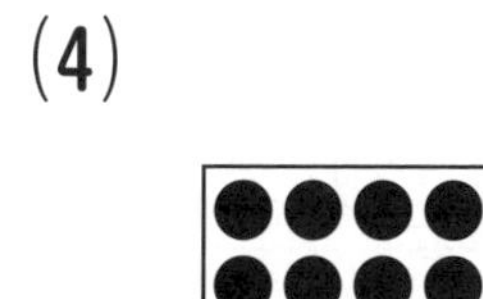

く(きゅう)

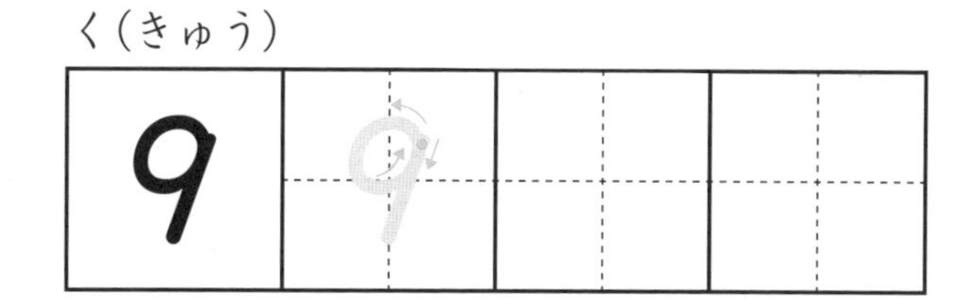

(5)

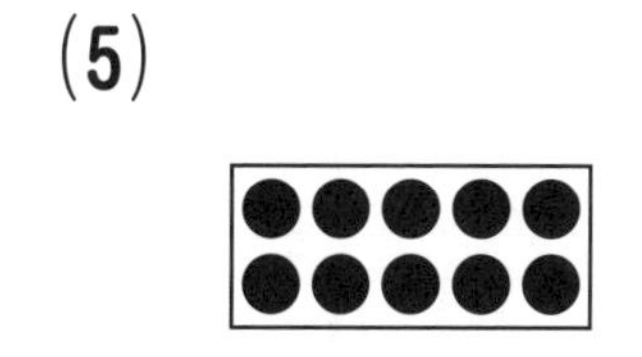

じゅう

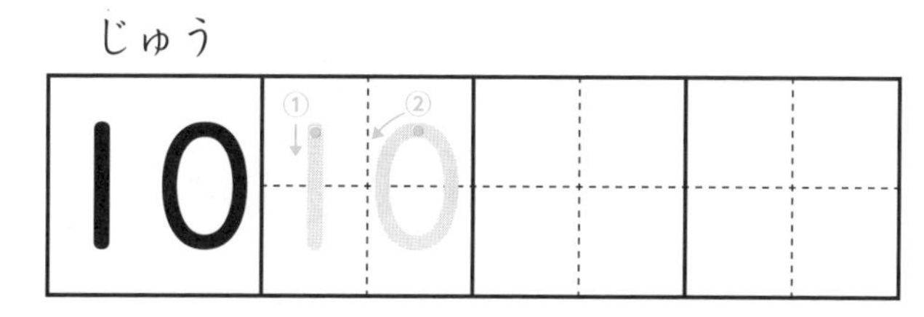

かずと　すうじ③

もくひょうじかん 20ぷん

がくしゅうした日　月　日

なまえ

とくてん　／100てん

らくらくマルつけ

1103
解説→169ページ

❶ おなじ　かずだけ　○に　いろを　ぬりましょう。

1つ10てん【50てん】

(1)

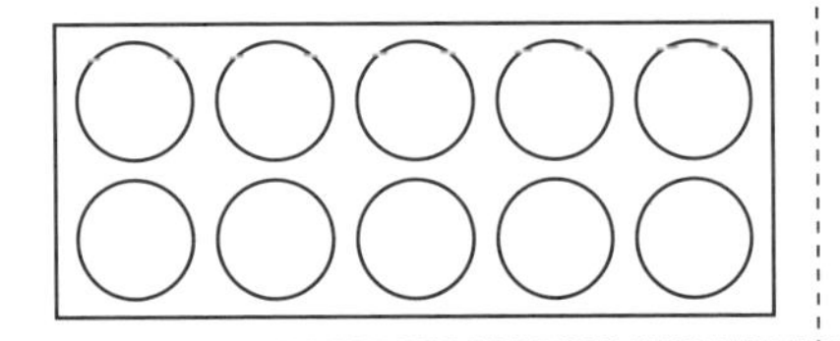

(2)

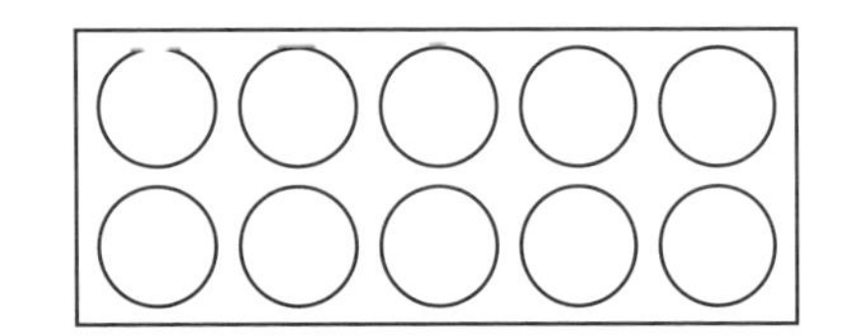

(3)

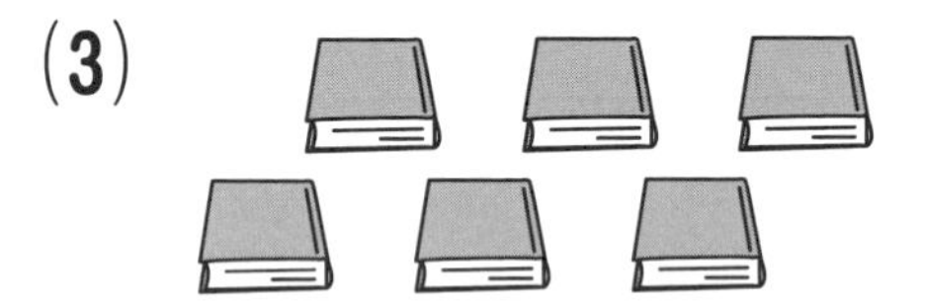

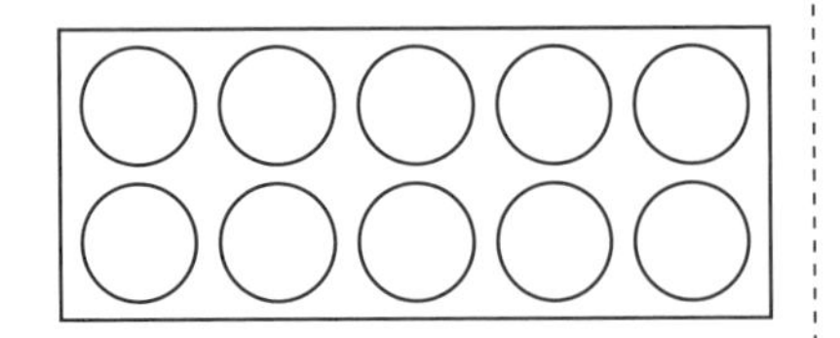

(4)

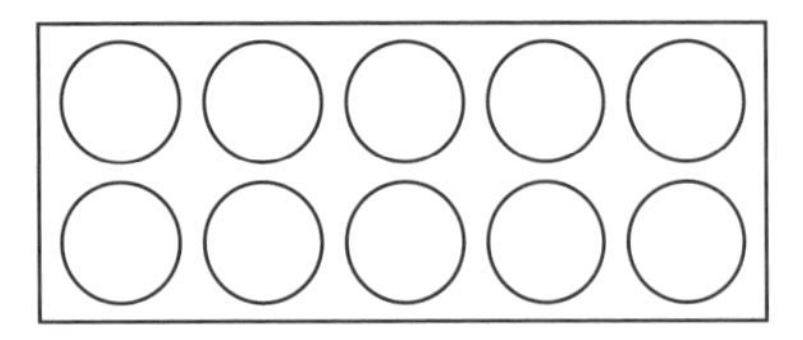

(5)

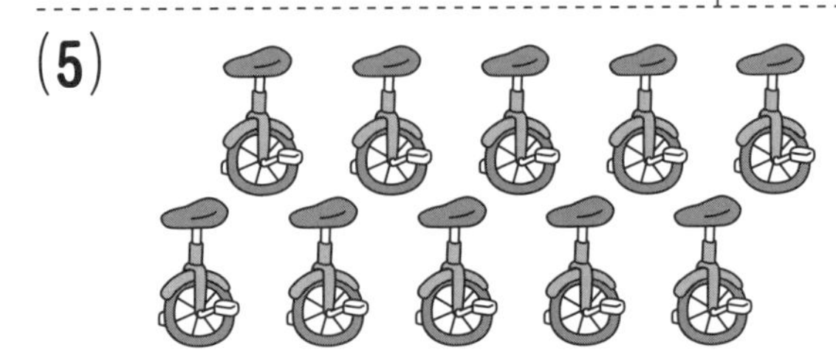

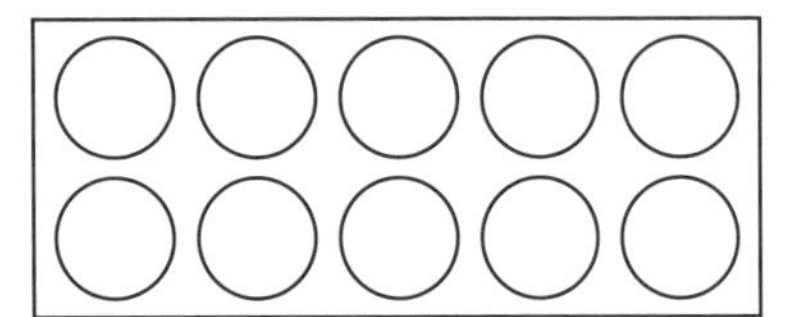

❷ すうじを　かきましょう。

1つ10てん【50てん】

(1)

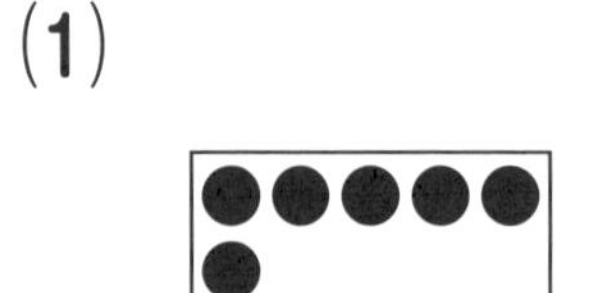

ろく

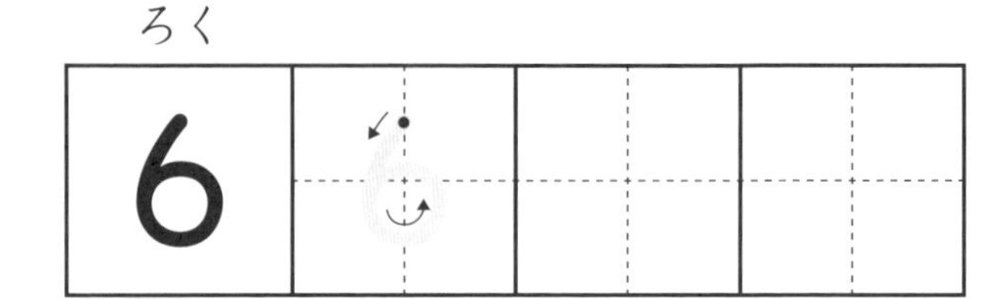

(2)

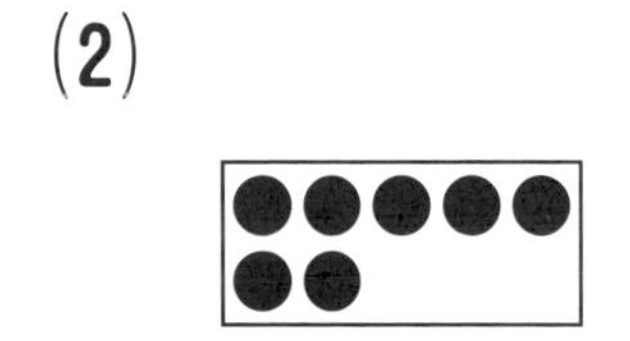

しち(なな)

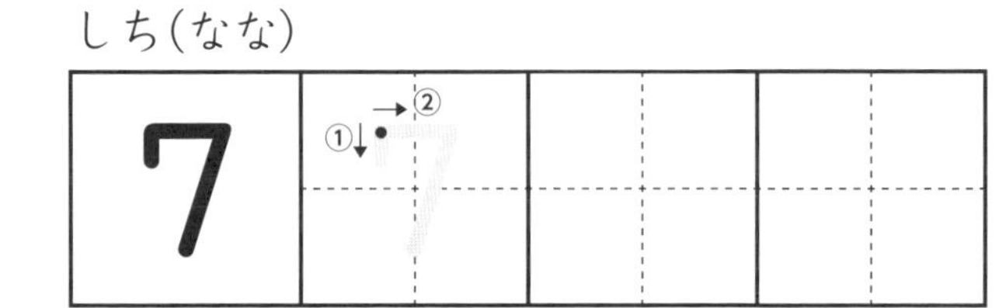

(3)

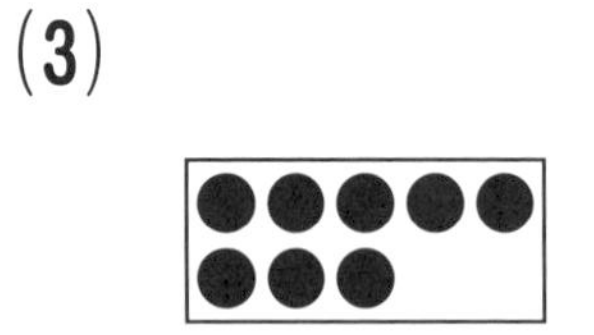

はち

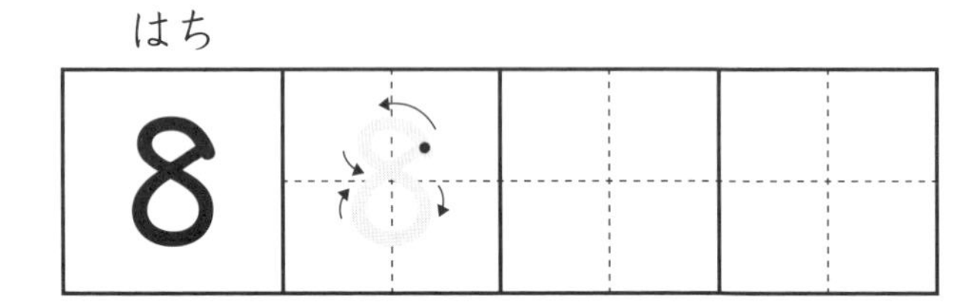

(4)

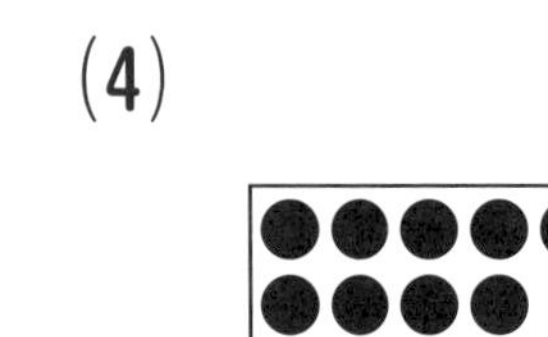

く(きゅう)

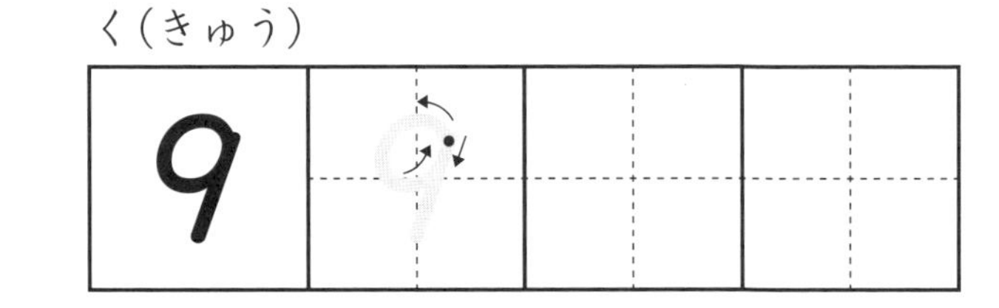

(5)

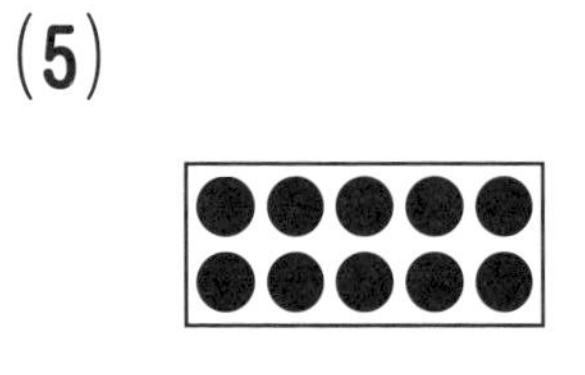

じゅう

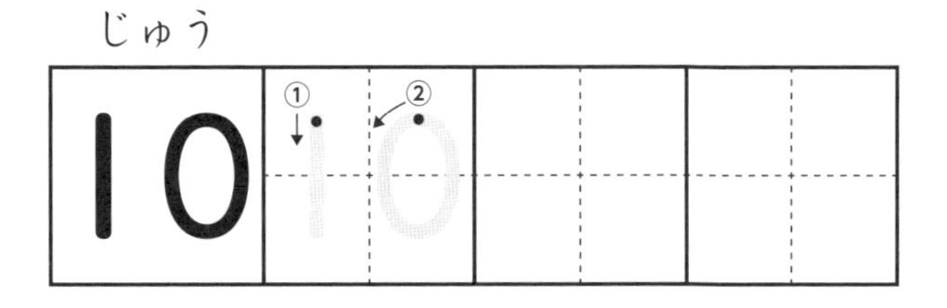

かずと　すうじ④

もくひょうじかん 20ぷん

がくしゅうした日　月　日	とくてん
なまえ	／100てん

1104
解説→170ページ

らくらくマルつけ

 かずを　かぞえて □に　すうじで　かきましょう。　1つ6てん【30てん】

(1)

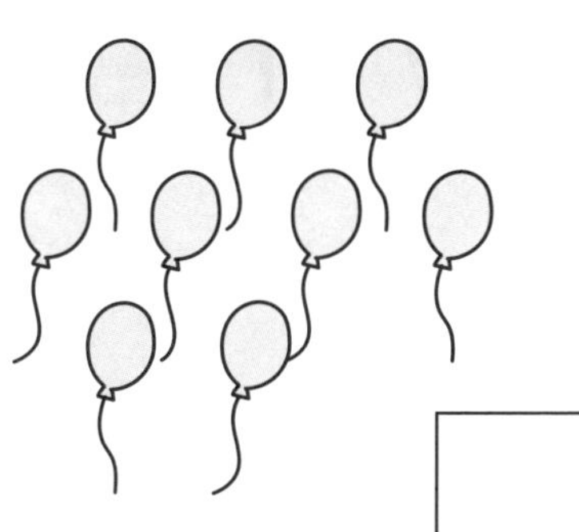

(2)

(3)

(4)

(5)

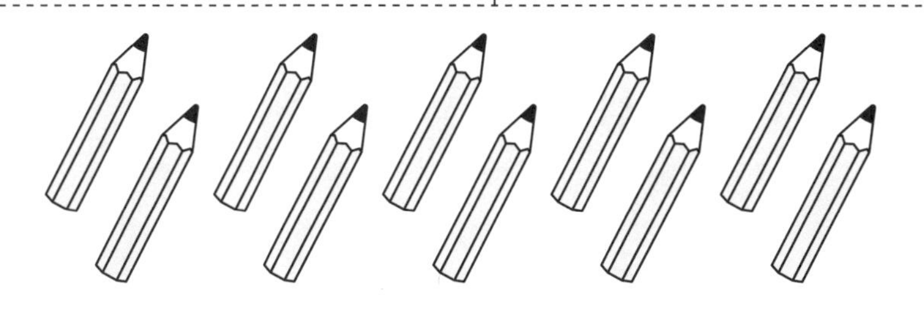

 つぎの　かずを　かきましょう。　1つ10てん【70てん】

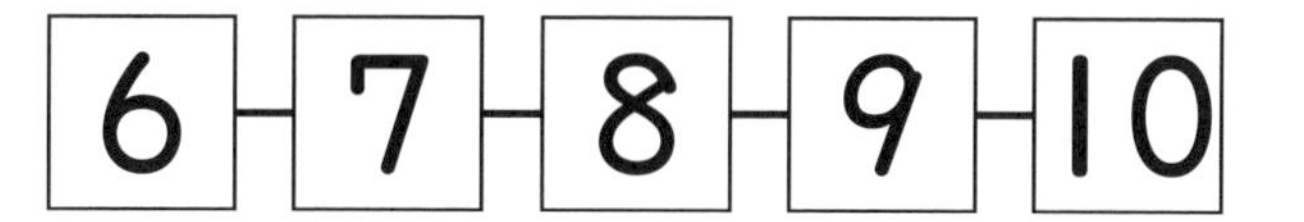

(1) 6より　1　おおきい　かず □

(2) 8より　1　おおきい　かず □

(3) 7より　1　ちいさい　かず □

(4) 8より　2　おおきい　かず □

(5) 10より　2　ちいさい　かず □

(6) 7より　2　おおきい　かず □

(7) 9より　3　ちいさい　かず □

\ もう１回チャレンジ!! /

かずと　すうじ④

もくひょうじかん 20ぷん

がくしゅうした日　　月　　日

なまえ

とくてん

／100てん

1104
解説→170ページ

らくらくマルつけ

❶ かずを　かぞえて □に　すうじで　かきましょう。

1つ6てん【30てん】

(1)

(2)

(3)

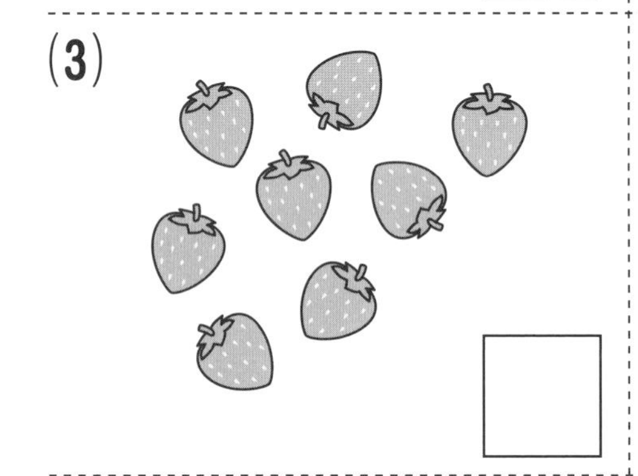

(4)

(5)

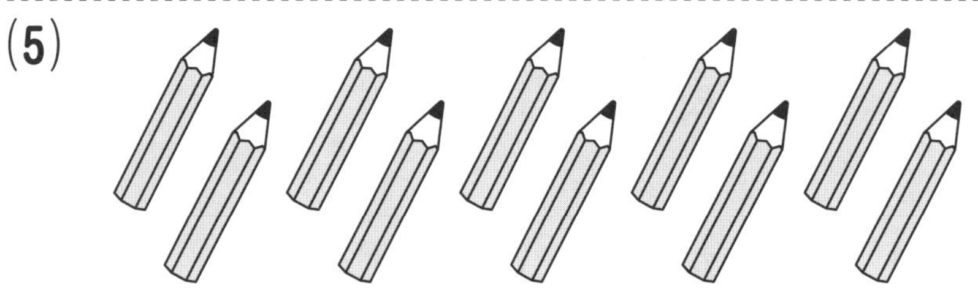

❷ つぎの　かずを　かきましょう。

1つ10てん【70てん】

(1) 6より　1　おおきい　かず

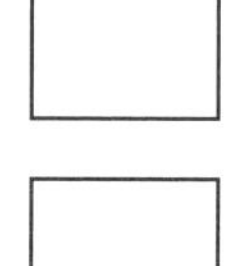

(2) 8より　1　おおきい　かず

(3) 7より　1　ちいさい　かず

(4) 8より　2　おおきい　かず

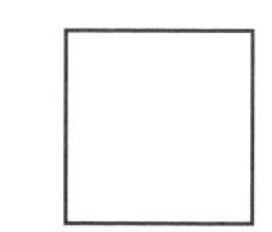

(5) 10より　2　ちいさい　かず

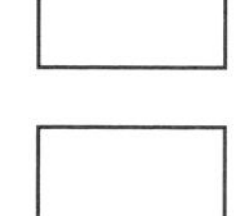

(6) 7より　2　おおきい　かず

(7) 9より　3　ちいさい　かず

5 かずと　すうじ⑤

がくしゅうした日　　月　　日

なまえ

とくてん

／100てん

1105
解説→170ページ

1 ひだりから　ちいさい　じゅんに　かきましょう。

1つ10てん【50てん】

(1) 3から　7まで

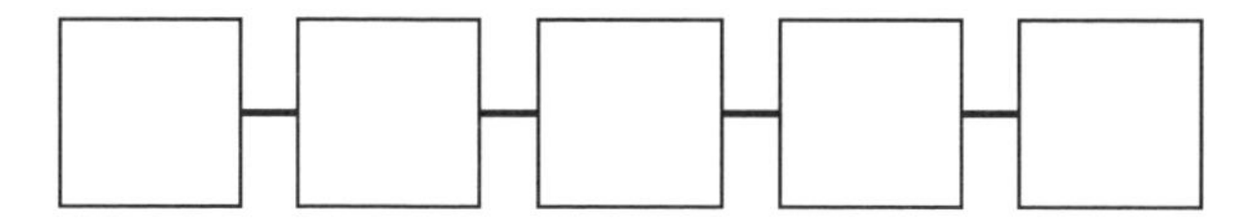

(2) 5から　9まで

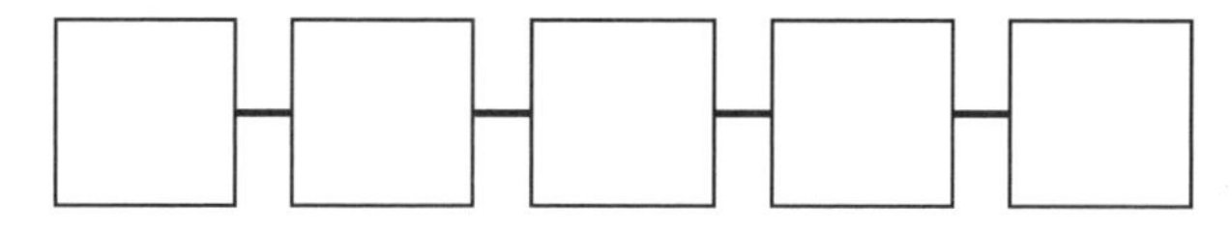

(3) 2から　7まで

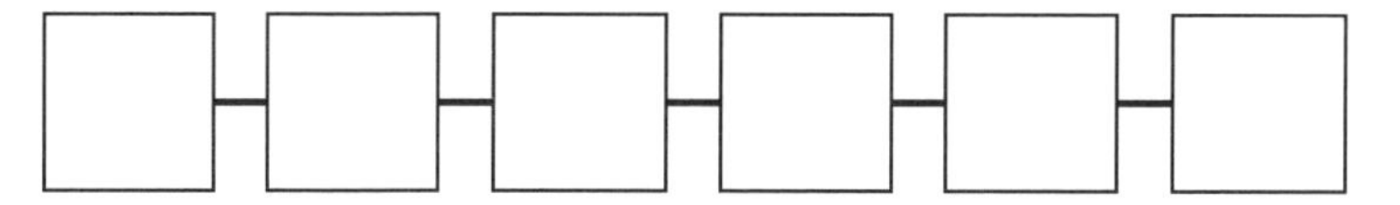

(4) 3から　8まで

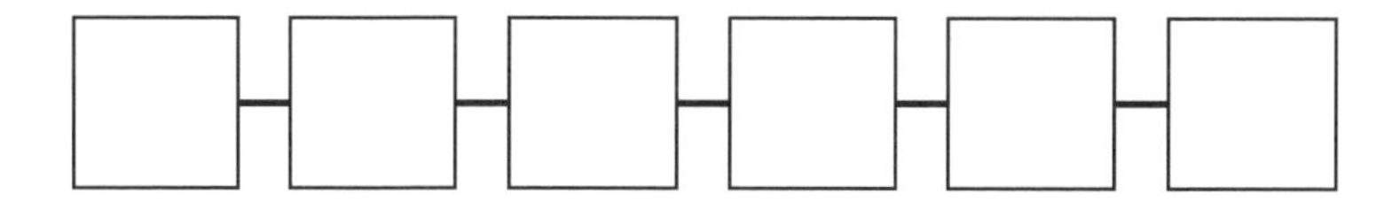

(5) 4から　10まで

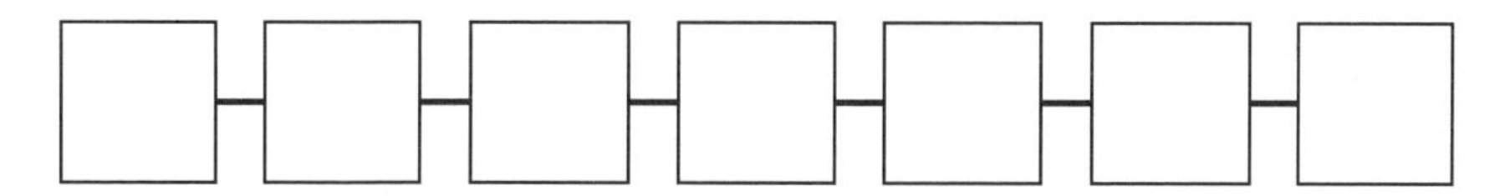

2 ひだりから　おおきい　じゅんに　かきましょう。

1つ10てん【50てん】

(1) 8から　4まで

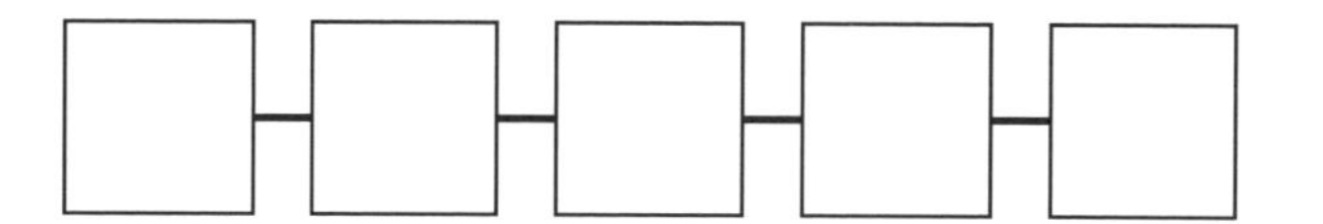

(2) 7から　3まで

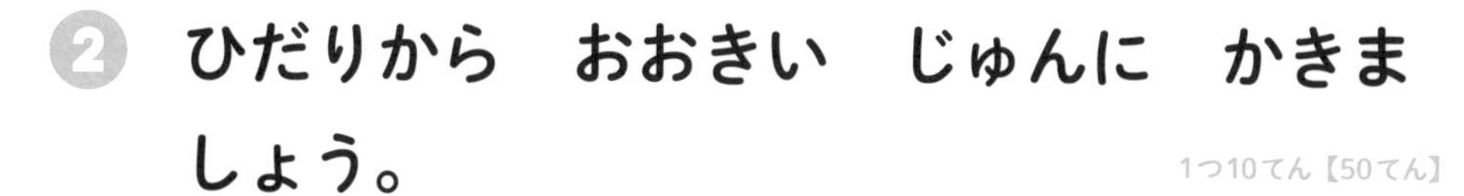

(3) 10から　5まで

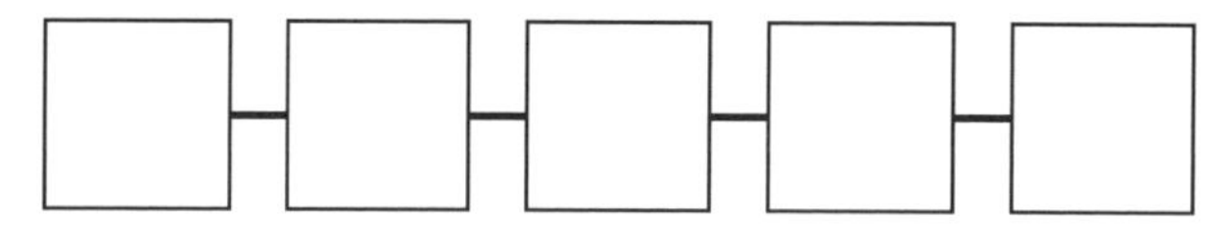

(4) 6から　1まで

(5) 9から　3まで

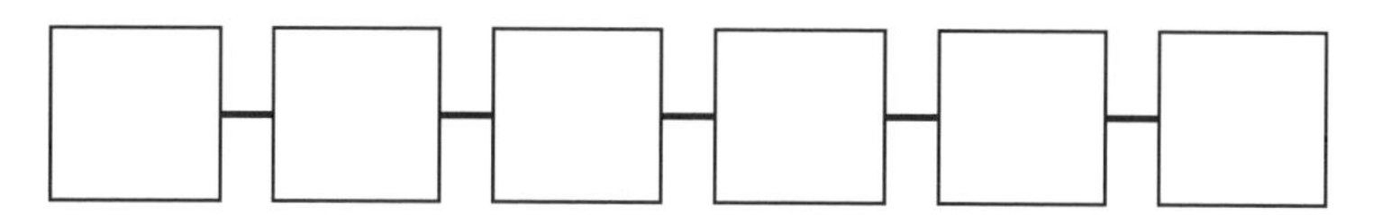

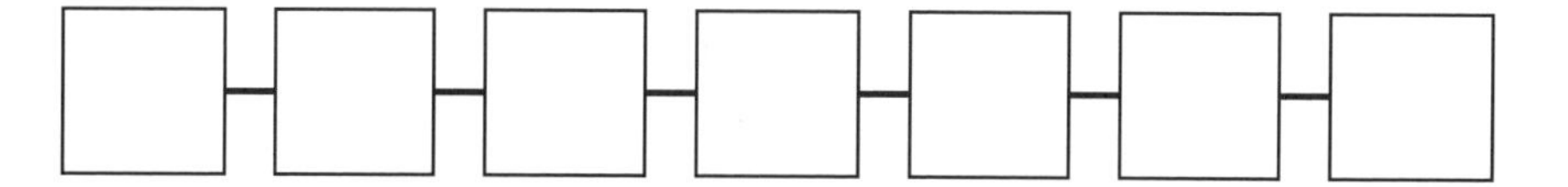

＼もう１回チャレンジ!! ／

5 かずと　すうじ⑤

もくひょうじかん 20ぷん

がくしゅうした日　　月　　日

なまえ

とくてん　　／100てん

1105
解説→170ページ

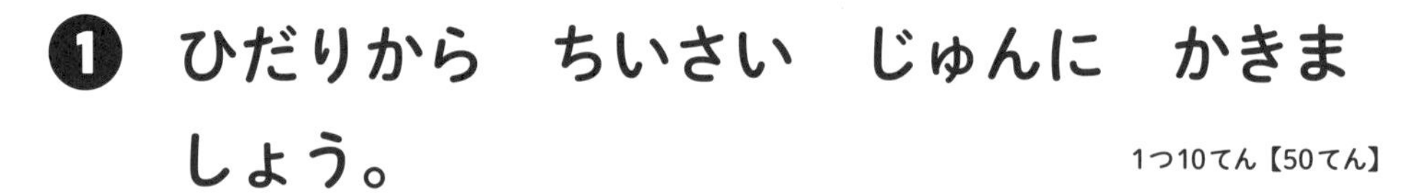

❶ ひだりから　ちいさい　じゅんに　かきましょう。　1つ10てん【50てん】

(1) 3から　7まで

□－□－□－□－□

(2) 5から　9まで

□－□－□－□－□

(3) 2から　7まで

□－□－□－□－□－□

(4) 3から　8まで

□－□－□－□－□－□

(5) 4から　10まで

□－□－□－□－□－□－□

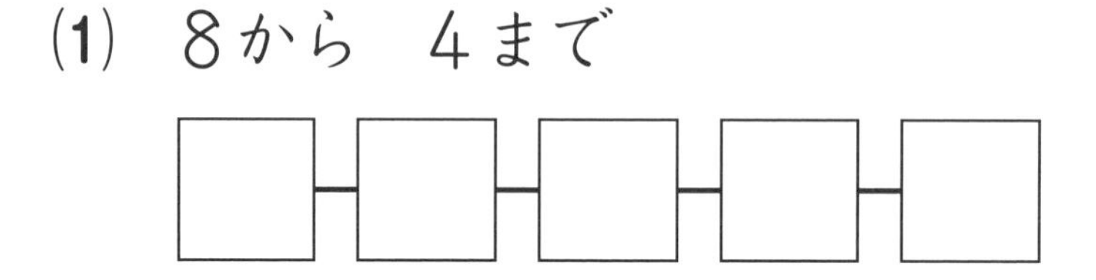

❷ ひだりから　おおきい　じゅんに　かきましょう。　1つ10てん【50てん】

(1) 8から　4まで

□－□－□－□－□

(2) 7から　3まで

□－□－□－□－□

(3) 10から　5まで

□－□－□－□－□－□

(4) 6から　1まで

□－□－□－□－□－□

(5) 9から　3まで

□－□－□－□－□－□－□

まとめの テスト（てすと）❶

もくひょうじかん 20ぷん

がくしゅうした日　月　日

なまえ

とくてん　／100てん

1106
解説→170ページ

らくらくマルつけ

❶ おはじきの かずを かぞえて □に すうじで かきましょう。

1つ10てん【50てん】

(1)

□

(2)

□

(3)

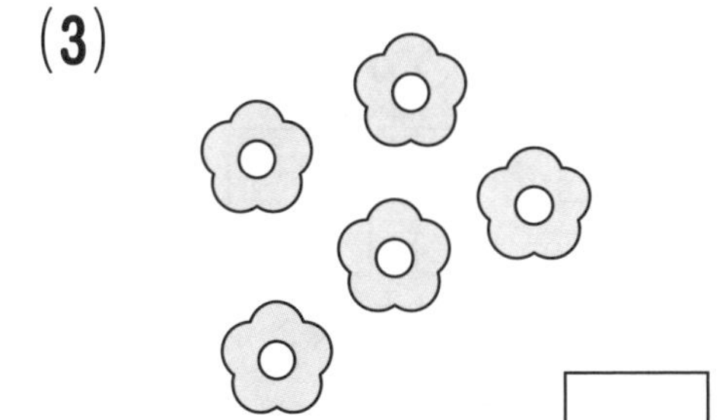

□

(4)

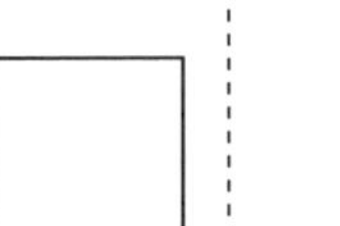

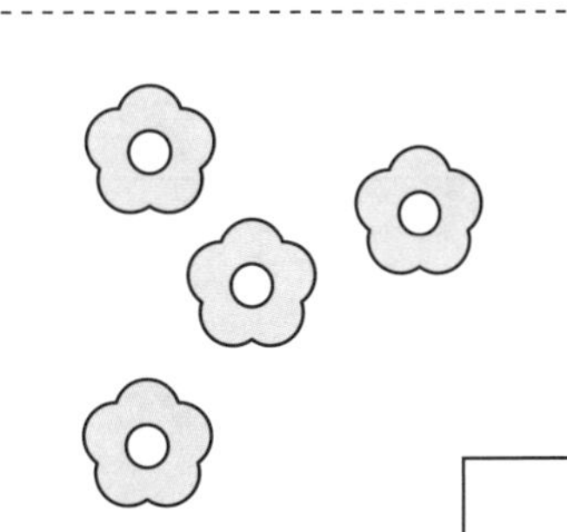

□

(5)

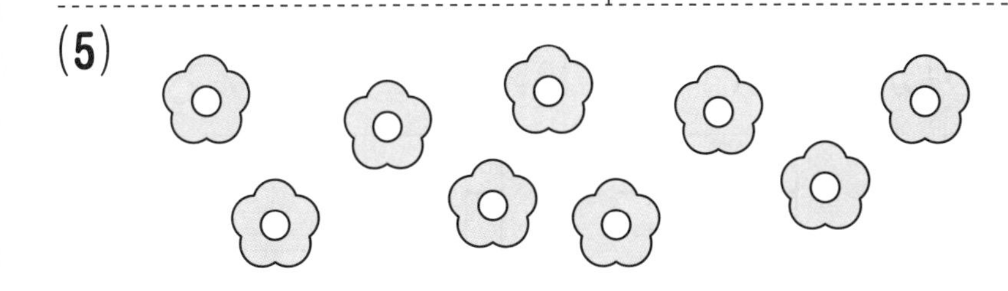

□

❷ □に はいる かずを かきましょう。

1つ10てん【50てん】

(1) ひだりから ちいさい じゅんに 2から 6まで

□－□－□－□－□

(2) ひだりから おおきい じゅんに 9から 5まで

□－□－□－□－□

(3) ひだりから ちいさい じゅんに 5から 10まで

□－□－□－□－□－□

(4) ひだりから おおきい じゅんに 8から 3まで

□－□－□－□－□－□

(5) ひだりから ちいさい じゅんに 2から 8まで

□－□－□－□－□－□－□

＼もう1回チャレンジ!! ／

6 まとめの テスト❶

もくひょうじかん 20ぷん

がくしゅうした日　月　日

なまえ

とくてん

／100てん

1106

解説→170ページ

❶ おはじきの かずを かぞえて □に すうじで かきましょう。

1つ10てん【50てん】

(1)

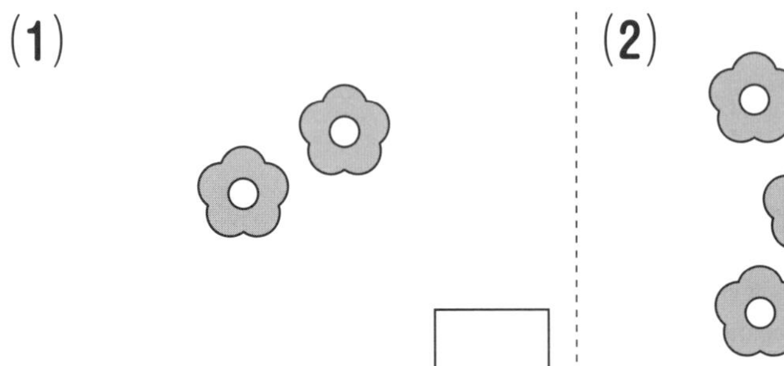

(2)

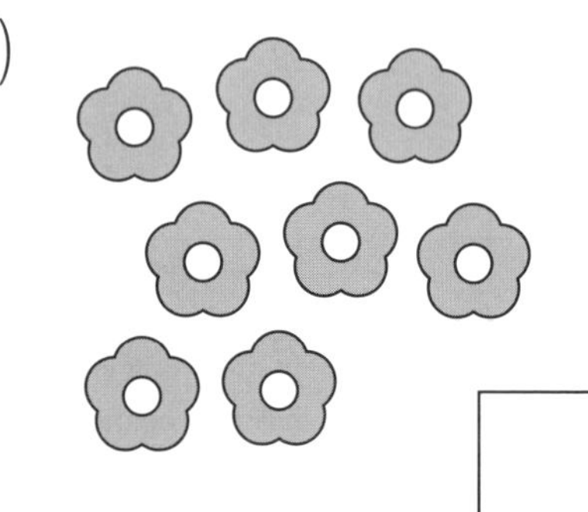

(3)

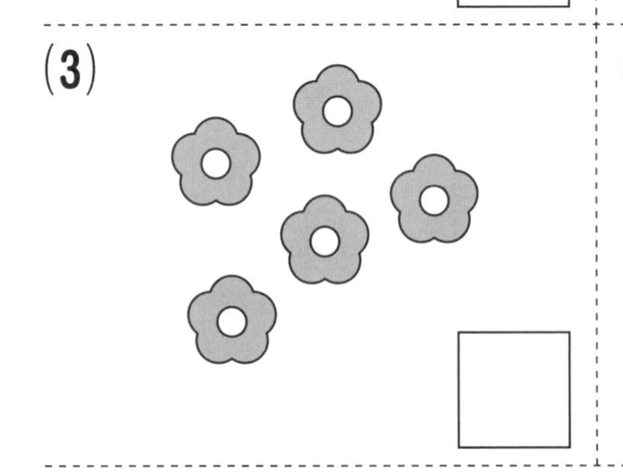

(4)

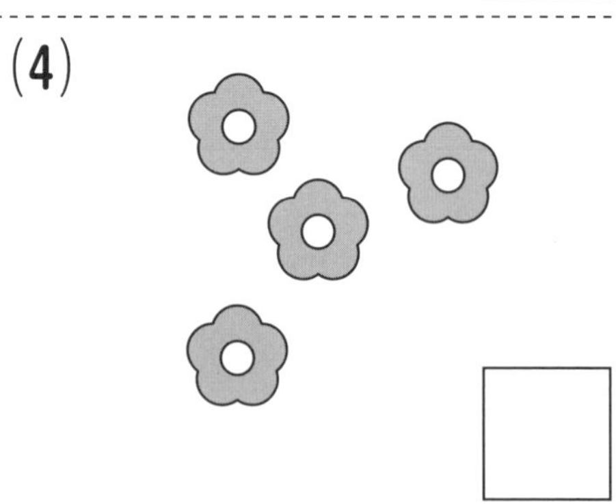

(5)

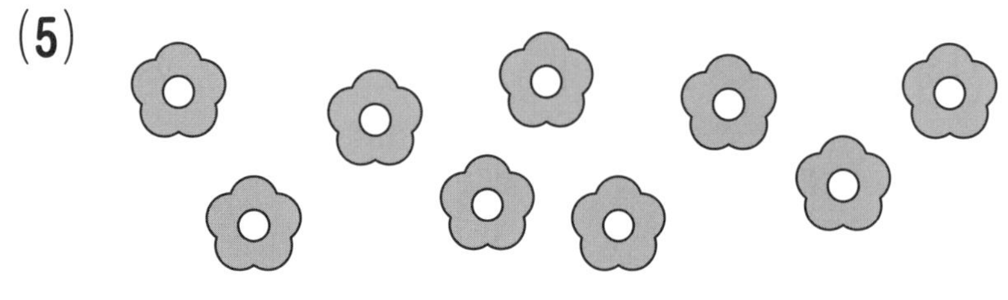

❷ □に はいる かずを かきましょう。

1つ10てん【50てん】

(1) ひだりから ちいさい じゅんに 2から 6まで

□－□－□－□－□

(2) ひだりから おおきい じゅんに 9から 5まで

□－□－□－□－□

(3) ひだりから ちいさい じゅんに 5から 10まで

□－□－□－□－□－□

(4) ひだりから おおきい じゅんに 8から 3まで

□－□－□－□－□－□

(5) ひだりから ちいさい じゅんに 2から 8まで

□－□－□－□－□－□－□

いくつと　いくつ①

がくしゅうした日　月　日

なまえ

とくてん
／100てん

1107
解説→171ページ

1 □に　はいる　かずを　かきましょう。

1つ6てん【36てん】

(1) 3この　おはじきを　ならべて　したの　ように　｜（せん）で　わけると、｜の　ひだりが　1こ、みぎが　2こに　なるので、

3は　1と　□

(2) 4は　3と　□　●●●●

(3) 5は　2と　□　●●●●●

(4) 5は　1と　□　●●●●●

(5) 6は　2と　□　●●●●●●

(6) 6は　3と　□　●●●●●●

2 □に　はいる　かずを　かきましょう。

1つ8てん【64てん】

(1) 2と　1で　□　●●と　●で　●●●

(2) 3と　2で　□

(3) 5と　1で　□

(4) □と　2で　4

(5) □と　5で　6

(6) 1と　□で　4

(7) 4と　□で　5

(8) 4と　□で　6

7 いくつと いくつ①

もくひょうじかん 20ぷん

がくしゅうした日　月　日

なまえ

とくてん　／100てん

1107 解説→171ページ

❶ □に はいる かずを かきましょう。

1つ6てん【36てん】

(1) 3この おはじきを ならべて したの ように |(せん)で わけると、|の ひだりが 1こ、みぎが 2こに なるので、

3は 1と □

(2) 4は 3と □

(3) 5は 2と □

(4) 5は 1と □

(5) 6は 2と □

(6) 6は 3と □

❷ □に はいる かずを かきましょう。

1つ8てん【64てん】

(1) 2と 1で □　●●と ●で ●●●

(2) 3と 2で □

(3) 5と 1で □

(4) □と 2で 4

(5) □と 5で 6

(6) 1と □で 4

(7) 4と □で 5

(8) 4と □で 6

8 いくつと　いくつ②

がくしゅうした日　　月　　日

なまえ

とくてん

／100てん

1108
解説→171ページ

1 □に　はいる　かずを　かきましょう。

1つ6てん【36てん】

(1) 7この　●を　ならべて　したのように　|(せん)で　わけると、|の　ひだりが　3こ、みぎが　4こに　なるので、

7は　3と　□　●●●|●●●●

(2) 4は　2と　□　●●●●

(3) 5は　4と　□　●●●●●

(4) 6は　1と　□　●●●●●●

(5) 6は　□　と　4　●●●●●●

(6) 7は　□　と　2　●●●●●●●

2 □に　はいる　かずを　かきましょう。

1つ8てん【64てん】

(1) 1と　3で　□

(2) 6と　1で　□

(3) 3と　3で　□

(4) □　と　5で　7

(5) □　と　2で　6

(6) 1と　□　で　7

(7) 3と　□　で　5

(8) 4と　□　で　7

8 いくつと いくつ②

がくしゅうした日　月　日

なまえ

とくてん　／100てん

1108
解説→171ページ

❶ □に はいる かずを かきましょう。

1つ6てん【36てん】

(1) 7この ●を ならべて したのように |(せん)で わけると、| の ひだりが 3こ、みぎが 4こに なるので、

7は 3と □ ●●●|●●●●

(2) 4は 2と □ ●●●●

(3) 5は 4と □ ●●●●●

(4) 6は 1と □ ●●●●●●

(5) 6は □と 4 ●●●●●●

(6) 7は □と 2 ●●●●●●●

❷ □に はいる かずを かきましょう。

1つ8てん【64てん】

(1) 1と 3で □

(2) 6と 1で □

(3) 3と 3で □

(4) □と 5で 7

(5) □と 2で 6

(6) 1と □で 7

(7) 3と □で 5

(8) 4と □で 7

9 いくつと　いくつ③

がくしゅうした日　　月　　日

なまえ

とくてん　　／100てん

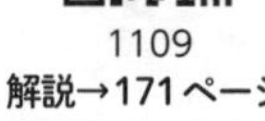

1109
解説→171ページ

1 □に　はいる　かずを　かきましょう。

1つ6てん【36てん】

(1) 8この　●を　ならべて　したのように　｜(せん)で　わけると、｜の　ひだりが　6こ、みぎが　2こに　なるので、

8は　6と　□　●●●●●●｜●●

(2) 6は　2と　□　●●●●●●

(3) 7は　1と　□　●●●●●●●

(4) 7は　5と　□　●●●●●●●

(5) 8は　□　と　1　●●●●●●●●

(6) 8は　□　と　3　●●●●●●●●

2 □に　はいる　かずを　かきましょう。

1つ8てん【64てん】

(1) 2と　4で　□

(2) 4と　3で　□

(3) 1と　7で　□

(4) □　と　3で　6

(5) □　と　5で　8

(6) 2と　□　で　8

(7) 3と　□　で　7

(8) 4と　□　で　8

いくつと　いくつ③

もくひょうじかん 20ぷん

がくしゅうした日　月　日

なまえ

とくてん　／100てん

1109
解説→171ページ

❶ □に　はいる　かずを　かきましょう。

1つ6てん【36てん】

(1) 8この　●を　ならべて　したのように　|(せん)で　わけると、|の　ひだりが　6こ、みぎが　2こに　なるので、

8は　6と　□　●●●●●●|●●

(2) 6は　2と　□　●●●●●●

(3) 7は　1と　□　●●●●●●●

(4) 7は　5と　□　●●●●●●●

(5) 8は　□　と　1　●●●●●●●●

(6) 8は　□　と　3　●●●●●●●●

❷ □に　はいる　かずを　かきましょう。

1つ8てん【64てん】

(1) 2と　4で　□

(2) 4と　3で　□

(3) 1と　7で　□

(4) □　と　3で　6

(5) □　と　5で　8

(6) 2と　□　で　8

(7) 3と　□　で　7

(8) 4と　□　で　8

10 いくつと　いくつ④

がくしゅうした日　　月　　日

なまえ

とくてん

／100てん

1110
解説→171ページ

1 □に　はいる　かずを　かきましょう。

1つ6てん【36てん】

(1) 9この　●を　ならべて　したのように　｜(せん)で　わけると、｜の　ひだりが　4こ、みぎが　5こに　なるので、

9は　4と　□　●●●●|●●●●●

(2) 8は　6と　□　●●●●●●●●

(3) 8は　3と　□　●●●●●●●●

(4) 9は　2と　□　●●●●●●●●●

(5) 9は　□と　3　●●●●●●●●●

(6) 9は　□と　1　●●●●●●●●●

2 □に　はいる　かずを　かきましょう。

1つ8てん【64てん】

(1) 5と　3で　□

(2) 7と　2で　□

(3) 1と　8で　□

(4) □と　4で　8

(5) □と　4で　9

(6) 7と　□で　8

(7) 3と　□で　9

(8) 8と　□で　9

いくつと　いくつ④

もくひょうじかん 20ぷん

がくしゅうした日　　月　　日

なまえ

とくてん　　／100てん

解説→171ページ

❶ □に　はいる　かずを　かきましょう。

1つ6てん【36てん】

(1) 9この　●を　ならべて　したのように　|（せん）で　わけると、|の　ひだりが　4こ、みぎが　5こに　なるので、

9は　4と　□　●●●●|●●●●●

(2) 8は　6と　□　●●●●●●●●

(3) 8は　3と　□　●●●●●●●●

(4) 9は　2と　□　●●●●●●●●●

(5) 9は　□と　3　●●●●●●●●●

(6) 9は　□と　1　●●●●●●●●●

❷ □に　はいる　かずを　かきましょう。

1つ8てん【64てん】

(1) 5と　3で　□

(2) 7と　2で　□

(3) 1と　8で　□

(4) □と　4で　8

(5) □と　4で　9

(6) 7と　□で　8

(7) 3と　□で　9

(8) 8と　□で　9

11 いくつと　いくつ⑤

がくしゅうした日　　月　　日

なまえ

とくてん

／100てん

1111
解説→171ページ

らくらくマルつけ

1 □に　はいる　かずを　かきましょう。

1つ6てん【36てん】

(1) 10この　●を　ならべて　したのように　|（せん）で　わけると、|の　ひだりが　6こ、みぎが　4こに　なるので、

10は　6と　□　●●●●●●|●●●●

(2) 9は　1と　□　●●●●●●●●●

(3) 9は　7と　□　●●●●●●●●●

(4) 10は　2と　□　●●●●●●●●●●

(5) 10は　□　と　5　●●●●●●●●●●

(6) 10は　□　と　3　●●●●●●●●●●

2 □に　はいる　かずを　かきましょう。

1つ8てん【64てん】

(1) 3と　6で　□

(2) 3と　7で　□

(3) 1と　9で　□

(4) □　と　5で　9

(5) □　と　2で　10

(6) 2と　□　で　9

(7) 9と　□　で　10

(8) 4と　□　で　10

いくつと　いくつ⑤

もくひょうじかん 20ぷん

がくしゅうした日　月　日

なまえ

とくてん　／100てん

1111
解説→171ページ

❶ □に　はいる　かずを　かきましょう。

1つ6てん【36てん】

(1) 10この　●を　ならべて　したのように　|（せん）で　わけると、|の　ひだりが　6こ、みぎが　4こに　なるので、

10は　6と　□　●●●●●●|●●●●

(2) 9は　1と　□　●●●●●●●●●

(3) 9は　7と　□　●●●●●●●●●

(4) 10は　2と　□　●●●●●●●●●●

(5) 10は　□　と　5　●●●●●●●●●●

(6) 10は　□　と　3　●●●●●●●●●●

❷ □に　はいる　かずを　かきましょう。

1つ8てん【64てん】

(1) 3と　6で　□

(2) 3と　7で　□

(3) 1と　9で　□

(4) □　と　5で　9

(5) □　と　2で　10

(6) 2と　□　で　9

(7) 9と　□　で　10

(8) 4と　□　で　10

まとめの　テスト（てすと）❷

✎がくしゅうした日　　月　　日

なまえ

とくてん

／100てん

1112
解説→172ページ

❶ □に　はいる　かずを　かきましょう。

【36てん】

(1) 5は　いくつと　いくつですか。

4と □ 、 2と □　（ぜんぶできて12てん）

(2) 6は　いくつと　いくつですか。

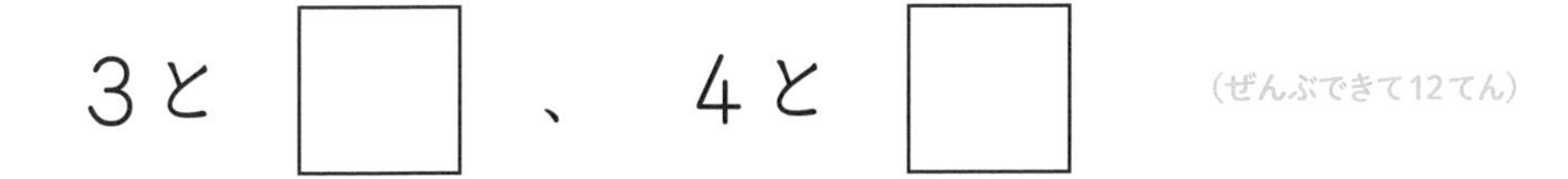

3と □ 、 4と □　（ぜんぶできて12てん）

(3) 7は　いくつと　いくつですか。

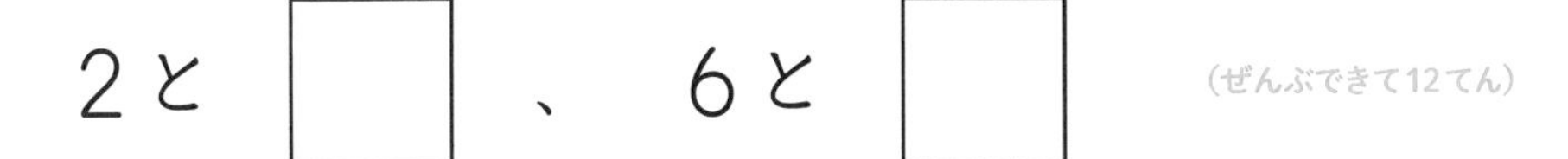

2と □ 、 6と □　（ぜんぶできて12てん）

❷ □に　はいる　かずを　かきましょう。

1つ8てん【64てん】

(1) 3と　1で　□

(2) 2と　4で　□

(3) 5と　2で　□

(4) □と　4で　5

(5) □と　3で　7

(6) 3と　□で　5

(7) 1と　□で　6

(8) 1と　□で　7

＼もう１回チャレンジ!!／

12 まとめの テスト❷

もくひょうじかん 20ぷん

がくしゅうした日　月　日

なまえ

とくてん　／100てん

1112
解説→172ページ

❶ □に はいる かずを かきましょう。

【36てん】

(1) 5は いくつと いくつですか。

4と  、 2と 　（ぜんぶできて12てん）

(2) 6は いくつと いくつですか。

3と  、 4と 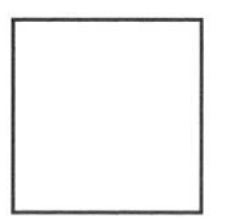　（ぜんぶできて12てん）

(3) 7は いくつと いくつですか。

2と  、 6と 　（ぜんぶできて12てん）

❷ □に はいる かずを かきましょう。

1つ8てん【64てん】

(1) 3と 1で □

(2) 2と 4で □

(3) 5と 2で □

(4) □と 4で 5

(5) □と 3で 7

(6) 3と □で 5

(7) 1と □で 6

(8) 1と □で 7

まとめの　テスト③

がくしゅうした日　　月　　日

なまえ

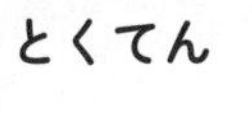
とくてん　／100てん

1113

解説→172ページ

❶ □に　はいる　かずを　かきましょう。

【36てん】

(1) 8は　いくつと　いくつですか。

3と ＿＿ 、 6と ＿＿　（ぜんぶできて12てん）

(2) 9は　いくつと　いくつですか。

2と ＿＿ 、 5と ＿＿　（ぜんぶできて12てん）

(3) 10は　いくつと　いくつですか。

4と ＿＿ 、 1と ＿＿　（ぜんぶできて12てん）

❷ □に　はいる　かずを　かきましょう。

1つ8てん【64てん】

(1) 7と　1で ＿＿

(2) 3と　6で ＿＿

(3) 5と　5で ＿＿

(4) ＿＿ と　2で　9

(5) ＿＿ と　2で　10

(6) 1と ＿＿ で　9

(7) 4と ＿＿ で　8

(8) 3と ＿＿ で　10

＼もう1回チャレンジ!!／

13 まとめの テスト③

もくひょうじかん 20ぷん

がくしゅうした日　　月　　日

なまえ

とくてん　　／100てん

1113
解説→172ページ

らくらくマルつけ

❶ □に はいる かずを かきましょう。

【36てん】

(1) 8は いくつと いくつですか。

3と 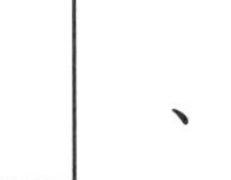 、 6と  （ぜんぶできて12てん）

(2) 9は いくつと いくつですか。

2と 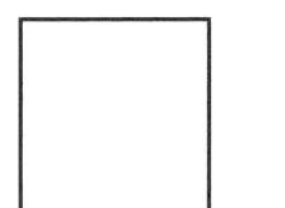 、 5と  （ぜんぶできて12てん）

(3) 10は いくつと いくつですか。

4と  、 1と  （ぜんぶできて12てん）

❷ □に はいる かずを かきましょう。

1つ8てん【64てん】

(1) 7と 1で □

(2) 3と 6で □

(3) 5と 5で □

(4) □と 2で 9

(5) □と 2で 10

(6) 1と □で 9

(7) 4と □で 8

(8) 3と □で 10

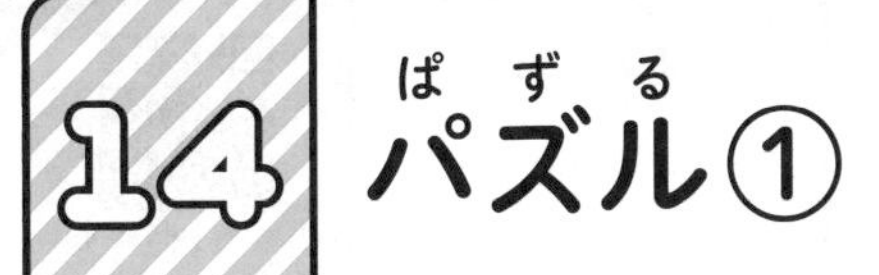

ぱずる パズル①

がくしゅうした日　月　日

なまえ

とくてん

／100てん

1114
解説→172ページ

らくらくマルつけ

1 (れい)のように　して、□に　はいる　かずを　かきましょう。

(れい)

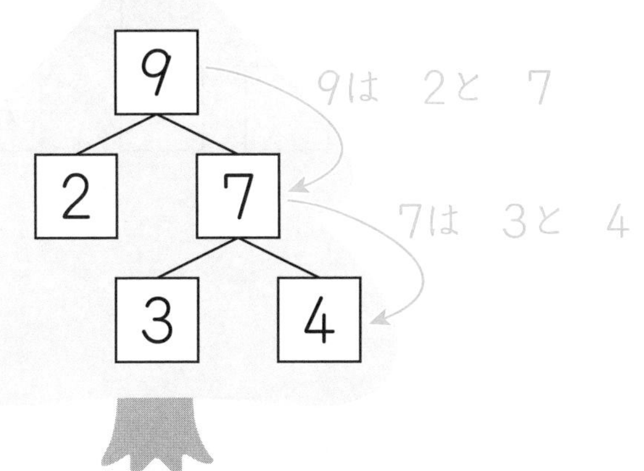

(1)

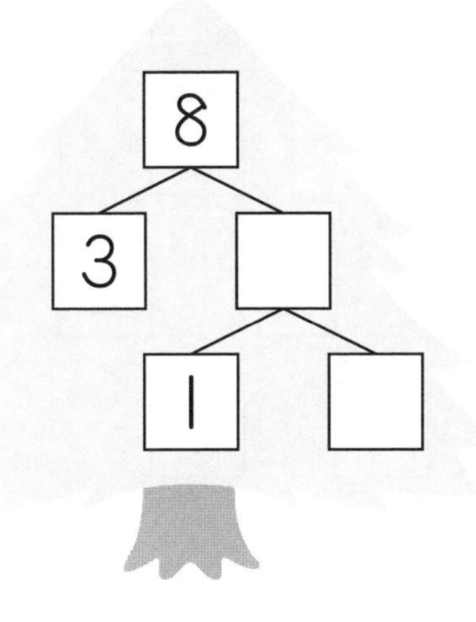

(ぜんぶできて20てん)

(2)

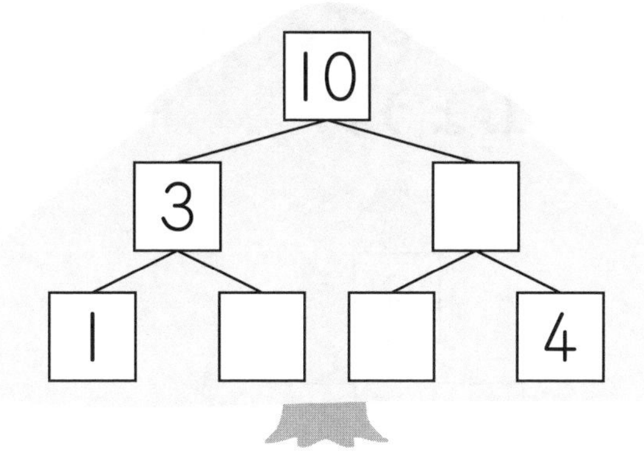

(ぜんぶできて30てん)

(3)

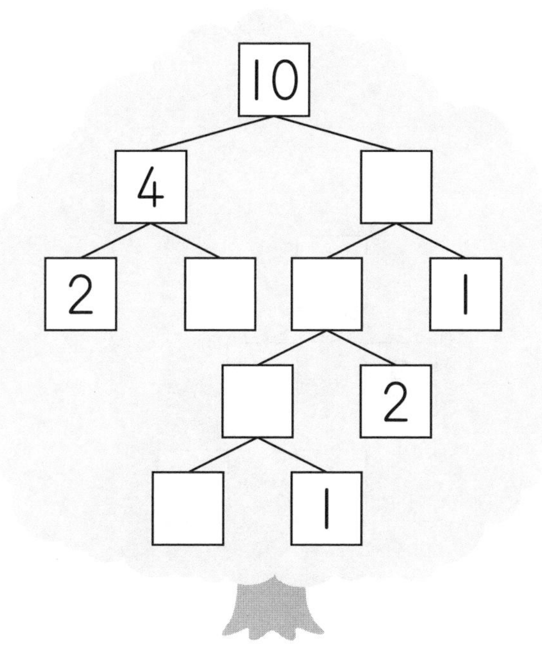

(ぜんぶできて50てん)

パズル①

もくひょうじかん 20ぷん

がくしゅうした日　月　日

なまえ

とくてん　／100てん

1114
解説→172ページ

らくらくマルつけ

❶ (れい)のように　して、□に　はいる　かずを　かきましょう。

(れい)

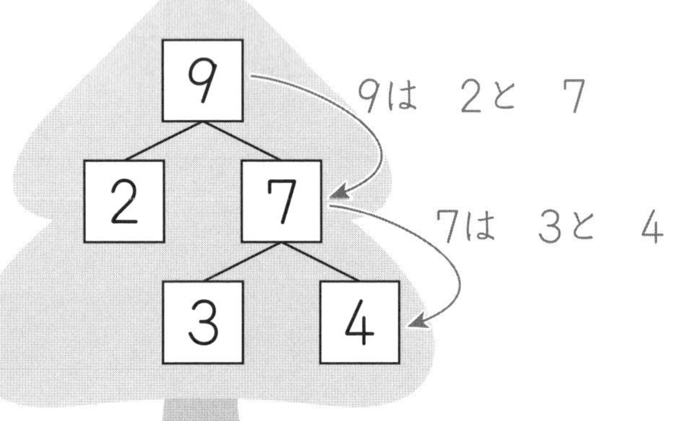

(1)

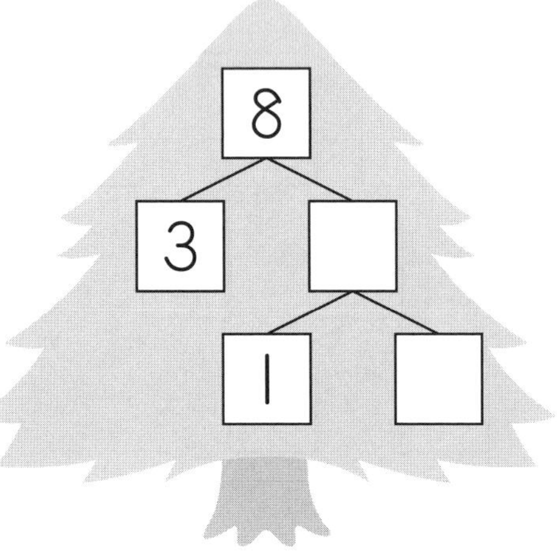

(ぜんぶできて20てん)

(2)

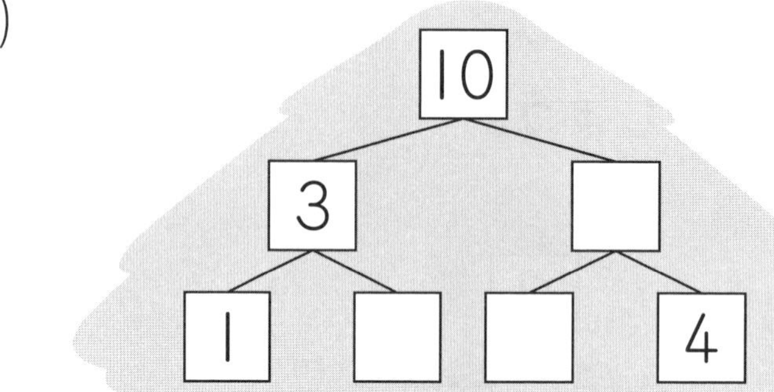

(ぜんぶできて30てん)

(3)

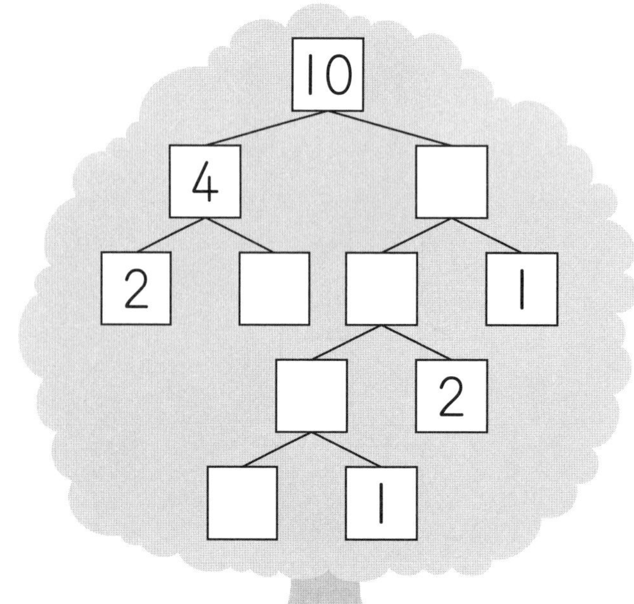

(ぜんぶできて50てん)

15 たしざん①

がくしゅうした日　月　日

なまえ

とくてん

／100てん

1115
解説→172ページ

らくらくマルつけ

1 ●●と　●●●を　あわせると

●●●●●に　なるので

$2+3=\square$

【5てん】

2 たしざんを　しましょう。　1つ4てん【48てん】

(1) $1+1=$　(2) $2+1=$

(3) $3+2=$　(4) $4+1=$

(5) $4+3=$　(6) $1+2=$

(7) $2+2=$　(8) $2+4=$

(9) $5+2=$　(10) $1+3=$

(11) $3+3=$　(12) $5+4=$

3 たしざんを　しましょう。　1つ4てん【32てん】

(1) $1+4=$　(2) $2+5=$

(3) $3+1=$　(4) $4+2=$

(5) $5+1=$　(6) $4+4=$

(7) $3+5=$　(8) $5+5=$

スパイラルコーナー

□に　はいる　かずを　かきましょう。　1つ5てん【15てん】

(1) 1と　5で　□

(2) 3と　4で　□

(3) 4と　5で　□

\ もう1回チャレンジ!! /

たしざん①

がくしゅうした日　月　日

なまえ

とくてん　／100てん

1115
解説→172ページ

❶ ●●と　●●●を　あわせると

●●●●●に　なるので

2+3=□　【5てん】

❷ たしざんを　しましょう。　1つ4てん【48てん】

(1) 1+1=　(2) 2+1=

(3) 3+2=　(4) 4+1=

(5) 4+3=　(6) 1+2=

(7) 2+2=　(8) 2+4=

(9) 5+2=　(10) 1+3=

(11) 3+3=　(12) 5+4=

❸ たしざんを　しましょう。　1つ4てん【32てん】

(1) 1+4=　(2) 2+5=

(3) 3+1=　(4) 4+2=

(5) 5+1=　(6) 4+4=

(7) 3+5=　(8) 5+5=

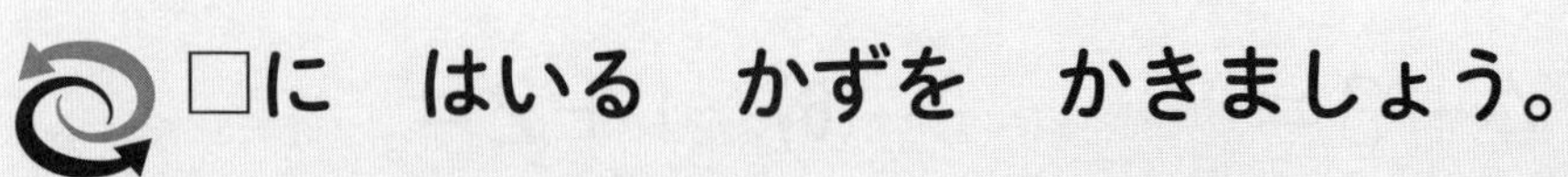

スパイラルコーナー

□に　はいる　かずを　かきましょう。　1つ5てん【15てん】

(1) 1と　5で　□

(2) 3と　4で　□

(3) 4と　5で　□

16 たしざん②

がくしゅうした日　月　日

なまえ

とくてん

／100てん

1116
解説→173ページ

1 なにも　ない　ときの　かずは　0です。

●●＋□＝●●のように、0との　たしざんでは　かずは　かわらないので

2＋0＝□

【5てん】

2 たしざんを　しましょう。

1つ4てん【48てん】

(1) 0＋2＝　(2) 3＋0＝

(3) 6＋1＝　(4) 7＋2＝

(5) 4＋0＝　(6) 8＋1＝

(7) 9＋0＝　(8) 6＋2＝

(9) 3＋6＝　(10) 0＋5＝

(11) 0＋0＝　(12) 4＋6＝

3 たしざんを　しましょう。

1つ4てん【32てん】

(1) 6＋0＝　(2) 1＋7＝

(3) 2＋6＝　(4) 1＋6＝

(5) 6＋3＝　(6) 0＋7＝

(7) 2＋7＝　(8) 10＋0＝

スパイラルコーナー

1つ5てん【15てん】

(1) 2と　6で　□

(2) 7と　3で　□

(3) 1と　8で　□

＼もう１回チャレンジ!!／

たしざん②

もくひょうじかん 20ぷん

がくしゅうした日　月　日

なまえ

とくてん　／100てん

らくらくマルつけ

1116
解説→173ページ

❶ なにも　ない　ときの　かずは　０です。

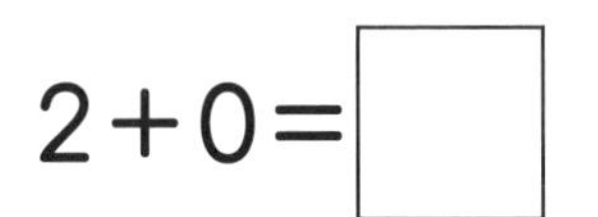 のように、０との　たしざんでは　かずは　かわらないので

2＋0＝□　【5てん】

❷ たしざんを　しましょう。　1つ4てん【48てん】

(1) 0＋2＝　(2) 3＋0＝

(3) 6＋1＝　(4) 7＋2＝

(5) 4＋0＝　(6) 8＋1＝

(7) 9＋0＝　(8) 6＋2＝

(9) 3＋6＝　(10) 0＋5＝

(11) 0＋0＝　(12) 4＋6＝

❸ たしざんを　しましょう。　1つ4てん【32てん】

(1) 6＋0＝　(2) 1＋7＝

(3) 2＋6＝　(4) 1＋6＝

(5) 6＋3＝　(6) 0＋7＝

(7) 2＋7＝　(8) 10＋0＝

スパイラルコーナー

□に　はいる　かずを　かきましょう。

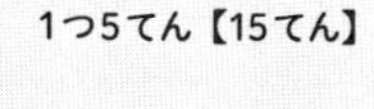

1つ5てん【15てん】

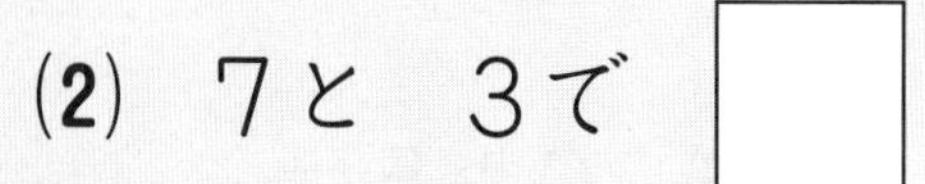

(1) 2と　6で　□

(2) 7と　3で　□

(3) 1と　8で　□

17 たしざん③

がくしゅうした日　月　日

なまえ

とくてん

／100てん

1117
解説→173ページ

らくらくマルつけ

1 たしざんを　しましょう。　1つ4てん【64てん】

(1) $2+1=$

(2) $5+0=$

(3) $4+2=$

(4) $3+1=$

(5) $5+4=$

(6) $2+2=$

(7) $3+2=$

(8) $6+1=$

(9) $2+3=$

(10) $3+3=$

(11) $7+2=$

(12) $0+3=$

(13) $4+1=$

(14) $2+4=$

(15) $3+4=$

(16) $6+4=$

2 あかい　ちゅうりっぷが　6ぽん、しろい　ちゅうりっぷが　2ほん　さいて　います。あわせて　なんぼん　さいて　いますか。

【ぜんぶできて21てん】

(しき)

こたえ　□　ぽん

スパイラルコーナー

□に　はいる　かずを　かきましょう。　1つ5てん【15てん】

(1) 3と　6で　□

(2) 4と　4で　□

(3) 8と　2で　□

たしざん③

もくひょうじかん 20ぷん

がくしゅうした日　　月　　日

なまえ

とくてん

／100てん

らくらくマルつけ

1117
解説→173ページ

❶ たしざんを　しましょう。 1つ4てん【64てん】

(1) 2＋1＝　　(2) 5＋0＝

(3) 4＋2＝　　(4) 3＋1＝

(5) 5＋4＝　　(6) 2＋2＝

(7) 3＋2＝　　(8) 6＋1＝

(9) 2＋3＝　　(10) 3＋3＝

(11) 7＋2＝　　(12) 0＋3＝

(13) 4＋1＝　　(14) 2＋4＝

(15) 3＋4＝　　(16) 6＋4＝

❷ あかい　ちゅうりっぷが6ぽん、しろい　ちゅうりっぷが　2ほん　さいて　います。あわせて　なんぼん　さいて　いますか。

【ぜんぶできて21てん】

(しき)

こたえ □ ぽん

スパイラルコーナー

□に　はいる　かずを　かきましょう。 1つ5てん【15てん】

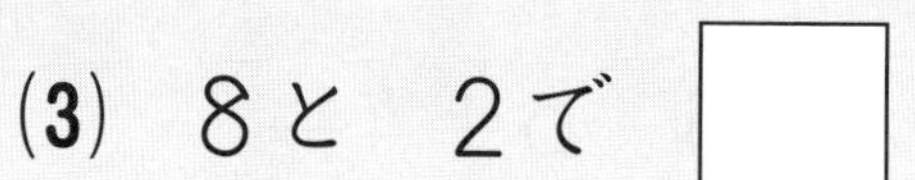

(1) 3と　6で □

(2) 4と　4で □

(3) 8と　2で □

たしざん④

もくひょうじかん 20ぷん

がくしゅうした日　月　日

なまえ

とくてん　／100てん

解説→173ページ

❶ たしざんを　しましょう。 1つ4てん【64てん】

(1) 4＋3＝　　(2) 3＋5＝

(3) 2＋5＝　　(4) 1＋5＝

(5) 3＋6＝　　(6) 4＋4＝

(7) 5＋2＝　　(8) 2＋6＝

(9) 4＋5＝　　(10) 6＋3＝

(11) 2＋7＝　　(12) 4＋0＝

(13) 8＋1＝　　(14) 3＋7＝

(15) 6＋2＝　　(16) 2＋8＝

❷ くるまが　5だい　とまって　います。あとから　3だい　とまりました。くるまは　ぜんぶで　なんだいに　なりましたか。

【ぜんぶできて21てん】

(しき)

こたえ □ だい

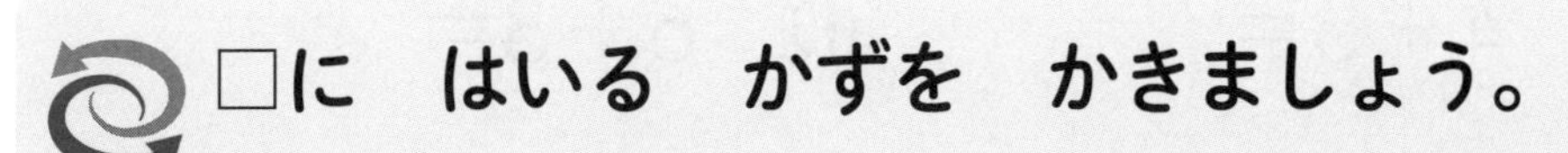

スパイラルコーナー

□に　はいる　かずを　かきましょう。 1つ5てん【15てん】

(1) 1と　6で 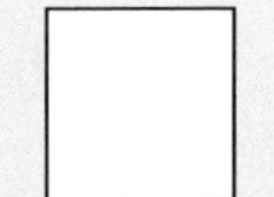

(2) 3と　4で □

(3) 5と　5で □

＼もう1回チャレンジ!! ／

18 たしざん④

がくしゅうした日　　月　　日

なまえ

とくてん

／100てん

解説→173ページ

❶ たしざんを　しましょう。 1つ4てん【64てん】

(1) 4＋3＝　　(2) 3＋5＝

(3) 2＋5＝　　(4) 1＋5＝

(5) 3＋6＝　　(6) 4＋4＝

(7) 5＋2＝　　(8) 2＋6＝

(9) 4＋5＝　　(10) 6＋3＝

(11) 2＋7＝　　(12) 4＋0＝

(13) 8＋1＝　　(14) 3＋7＝

(15) 6＋2＝　　(16) 2＋8＝

❷ くるまが　5だい　とまって　います。あとから　3だい　とまりました。くるまは　ぜんぶで　なんだいに　なりましたか。

【ぜんぶできて21てん】

(しき)

こたえ □ だい

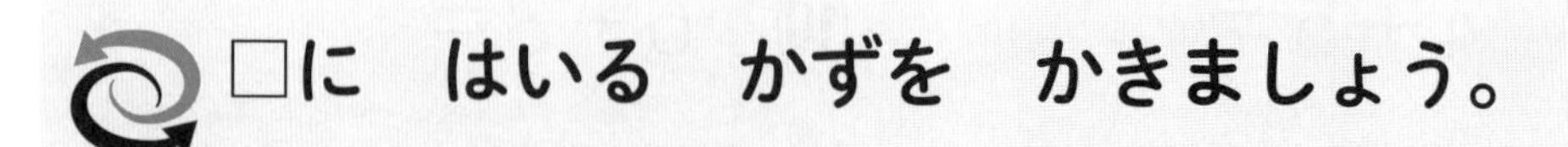

スパイラルコーナー

□に　はいる　かずを　かきましょう。 1つ5てん【15てん】

(1) 1と　6で □

(2) 3と　4で □

(3) 5と　5で □

まとめの　テスト（てすと）④

もくひょうじかん　20ぷん

がくしゅうした日　　月　　日

なまえ

とくてん　　／100てん

解説→173ページ

❶ たしざんを　しましょう。　1つ4てん【64てん】

(1) $1+3=$　　(2) $2+2=$

(3) $4+1=$　　(4) $3+0=$

(5) $6+2=$　　(6) $5+2=$

(7) $2+3=$　　(8) $4+2=$

(9) $7+2=$　　(10) $0+5=$

(11) $3+5=$　　(12) $7+1=$

(13) $5+1=$　　(14) $2+4=$

(15) $4+3=$　　(16) $5+5=$

❷ ひよこが　2わ　いました。きょう　7わ　うまれました。ひよこは　ぜんぶで　なんわに　なりましたか。　【ぜんぶできて18てん】

（しき）

こたえ ☐ わ

❸ えんぴつを　4ほん　もって　います。きょう　6ぽん　かいました。えんぴつは　あわせて　なんぼんに　なりましたか。

【ぜんぶできて18てん】

（しき）

こたえ ☐ ぽん

＼もう1回チャレンジ!! ／

19 まとめの テスト④

もくひょうじかん 20ぷん

がくしゅうした日 月 日

なまえ

とくてん ／100てん

1119
解説→173ページ

❶ たしざんを しましょう。 1つ4てん【64てん】

(1) 1＋3＝ (2) 2＋2＝

(3) 4＋1＝ (4) 3＋0＝

(5) 6＋2＝ (6) 5＋2＝

(7) 2＋3＝ (8) 4＋2＝

(9) 7＋2＝ (10) 0＋5＝

(11) 3＋5＝ (12) 7＋1＝

(13) 5＋1＝ (14) 2＋4＝

(15) 4＋3＝ (16) 5＋5＝

❷ ひよこが 2わ いました。きょう 7わ うまれました。ひよこは ぜんぶで なんわに なりましたか。 【ぜんぶできて18てん】

(しき)

こたえ □ わ

❸ えんぴつを 4ほん もって います。きょう 6ぽん かいました。えんぴつは あわせて なんぼんに なりましたか。 【ぜんぶできて18てん】

(しき)

こたえ □ ぽん

まとめの テスト⑤

がくしゅうした日　月　日

なまえ

とくてん　／100てん

1120
解説→174ページ

らくらくマルつけ

❶ たしざんを　しましょう。 1つ4てん【64てん】

(1) 1＋7＝　(2) 3＋2＝

(3) 5＋4＝　(4) 2＋5＝

(5) 8＋1＝　(6) 6＋1＝

(7) 3＋3＝　(8) 1＋9＝

(9) 4＋0＝　(10) 4＋5＝

(11) 2＋6＝　(12) 3＋7＝

(13) 0＋3＝　(14) 7＋2＝

(15) 3＋6＝　(16) 9＋1＝

❷ こうえんに　こどもが　3にん　います。そこに　こどもが　4にん　きました。こどもは　ぜんぶで　なんにんに　なりましたか。 【ぜんぶできて18てん】

(しき)

こたえ □ にん

❸ ケーキ(けえき)が　おおきい　おさらに　8こ、ちいさい　おさらに　2こ　あります。ケーキは　あわせて　なんこ　ありますか。 【ぜんぶできて18てん】

(しき)

こたえ □ こ

＼もう１回チャレンジ!! ／

20 まとめの　テスト(てすと)⑤

がくしゅうした日　月　日

なまえ

とくてん

／100てん

1120
解説→174ページ

❶ たしざんを　しましょう。　1つ4てん【64てん】

(1) 1＋7＝　(2) 3＋2＝

(3) 5＋4＝　(4) 2＋5＝

(5) 8＋1＝　(6) 6＋1＝

(7) 3＋3＝　(8) 1＋9＝

(9) 4＋0＝　(10) 4＋5＝

(11) 2＋6＝　(12) 3＋7＝

(13) 0＋3＝　(14) 7＋2＝

(15) 3＋6＝　(16) 9＋1＝

❷ こうえんに　こどもが　3にん　います。そこに　こどもが　4にん　きました。こどもは　ぜんぶで　なんにんに　なりましたか。

【ぜんぶできて18てん】

(しき)

こたえ　□　にん

❸ ケーキ(けえき)が　おおきい　おさらに　8こ、ちいさい　おさらに　2こ　あります。ケーキは　あわせて　なんこ　ありますか。

【ぜんぶできて18てん】

(しき)

こたえ　□　こ

ひきざん①

がくしゅうした日　月　日

なまえ

とくてん　／100てん

1121 解説→174ページ

1 ●●●●●から　●●を　とると

●●●に　なるので

5－2＝□

【8てん】

2 ひきざんを　しましょう。　1つ4てん【48てん】

(1) 2－1＝　　(2) 4－1＝

(3) 5－3＝　　(4) 7－2＝

(5) 8－1＝　　(6) 6－3＝

(7) 9－3＝　　(8) 9－5＝

(9) 4－2＝　　(10) 5－4＝

(11) 7－6＝　　(12) 9－4＝

3 ひきざんを　しましょう。　1つ4てん【32てん】

(1) 3－1＝　　(2) 7－3＝

(3) 9－1＝　　(4) 6－2＝

(5) 8－6＝　　(6) 9－8＝

(7) 10－2＝　　(8) 10－6＝

スパイラルコーナー

たしざんを　しましょう。　1つ2てん【12てん】

(1) 3＋4＝　　(2) 4＋2＝

(3) 7＋2＝　　(4) 6＋4＝

(5) 1＋8＝　　(6) 5＋3＝

ひきざん①

もくひょうじかん 20ぷん

がくしゅうした日　月　日

なまえ

とくてん　／100てん

らくらくマルつけ

1121
解説→174ページ

❶ ●●●●●から　●●を　とると
●●●に　なるので
$5-2=$ □ 【8てん】

❷ ひきざんを　しましょう。 1つ4てん【48てん】

(1) $2-1=$　(2) $4-1=$

(3) $5-3=$　(4) $7-2=$

(5) $8-1=$　(6) $6-3=$

(7) $9-3=$　(8) $9-5=$

(9) $4-2=$　(10) $5-4=$

(11) $7-6=$　(12) $9-4=$

❸ ひきざんを　しましょう。 1つ4てん【32てん】

(1) $3-1=$　(2) $7-3=$

(3) $9-1=$　(4) $6-2=$

(5) $8-6=$　(6) $9-8=$

(7) $10-2=$　(8) $10-6=$

スパイラルコーナー
たしざんを　しましょう。 1つ2てん【12てん】

(1) $3+4=$　(2) $4+2=$

(3) $7+2=$　(4) $6+4=$

(5) $1+8=$　(6) $5+3=$

ひきざん②

がくしゅうした日　　月　　日

なまえ

とくてん　　／100てん

1122
解説→174ページ

1 ●●●から　●●●を　とると　ぜんぶ なくなるので

3－3＝□　【8てん】

2 ひきざんを　しましょう。　1つ4てん【48てん】

(1) 4－4＝　(2) 3－2＝

(3) 5－1＝　(4) 7－4＝

(5) 6－4＝　(6) 9－7＝

(7) 6－6＝　(8) 10－4＝

(9) 7－1＝　(10) 8－7＝

(11) 8－2＝　(12) 10－5＝

3 ひきざんを　しましょう。　1つ4てん【32てん】

(1) 10－8＝　(2) 6－5＝

(3) 7－7＝　(4) 9－6＝

(5) 10－3＝　(6) 4－3＝

(7) 8－5＝　(8) 9－9＝

スパイラルコーナー

たしざんを　しましょう。　1つ2てん【12てん】

(1) 2＋5＝　(2) 6＋2＝

(3) 1＋3＝　(4) 3＋6＝

(5) 4＋1＝　(6) 8＋2＝

ひきざん②

がくしゅうした日　月　日

なまえ

とくてん　／100てん

❶ ●●●から　●●●を　とると　ぜんぶ
なくなるので

3－3＝□　【8てん】

❷ ひきざんを　しましょう。　1つ4てん【48てん】

(1) 4－4＝　(2) 3－2＝

(3) 5－1＝　(4) 7－4＝

(5) 6－4＝　(6) 9－7＝

(7) 6－6＝　(8) 10－4＝

(9) 7－1＝　(10) 8－7＝

(11) 8－2＝　(12) 10－5＝

❸ ひきざんを　しましょう。　1つ4てん【32てん】

(1) 10－8＝　(2) 6－5＝

(3) 7－7＝　(4) 9－6＝

(5) 10－3＝　(6) 4－3＝

(7) 8－5＝　(8) 9－9＝

スパイラルコーナー

たしざんを　しましょう。　1つ2てん【12てん】

(1) 2＋5＝　(2) 6＋2＝

(3) 1＋3＝　(4) 3＋6＝

(5) 4＋1＝　(6) 8＋2＝

ひきざん③

がくしゅうした日　月　日

なまえ

とくてん　／100てん

1123
解説→175ページ

1 ●●●から　なにも　とらないと
そのままなので

3－0＝□　【8てん】

2 ひきざんを　しましょう。　1つ4てん【48てん】

(1) 5－0＝　(2) 6－1＝

(3) 4－2＝　(4) 2－1＝

(5) 8－5＝　(6) 7－2＝

(7) 6－5＝　(8) 5－3＝

(9) 3－1＝　(10) 8－2＝

(11) 9－3＝　(12) 7－6＝

3 ひきざんを　しましょう。　1つ4てん【32てん】

(1) 4－1＝　(2) 7－0＝

(3) 9－9＝　(4) 5－4＝

(5) 6－3＝　(6) 9－5＝

(7) 10－4＝　(8) 8－3＝

スパイラルコーナー

たしざんを　しましょう。　1つ2てん【12てん】

(1) 1＋6＝　(2) 3＋2＝

(3) 7＋1＝　(4) 5＋5＝

(5) 6＋3＝　(6) 4＋6＝

ひきざん③

がくしゅうした日　月　日

なまえ

とくてん　／100てん

1123
解説→175ページ

❶ ●●●から　なにも　とらないと　そのままなので

3－0＝□　【8てん】

❷ ひきざんを　しましょう。　1つ4てん【48てん】

(1) 5－0＝　(2) 6－1＝

(3) 4－2＝　(4) 2－1＝

(5) 8－5＝　(6) 7－2＝

(7) 6－5＝　(8) 5－3＝

(9) 3－1＝　(10) 8－2＝

(11) 9－3＝　(12) 7－6＝

❸ ひきざんを　しましょう。　1つ4てん【32てん】

(1) 4－1＝　(2) 7－0＝

(3) 9－9＝　(4) 5－4＝

(5) 6－3＝　(6) 9－5＝

(7) 10－4＝　(8) 8－3＝

スパイラルコーナー

たしざんを　しましょう。　1つ2てん【12てん】

(1) 1＋6＝　(2) 3＋2＝

(3) 7＋1＝　(4) 5＋5＝

(5) 6＋3＝　(6) 4＋6＝

ひきざん④

がくしゅうした日　月　日

なまえ

とくてん　／100てん

1124
解説→175ページ

1 ひきざんを　しましょう。　1つ5てん【80てん】

(1) $3-2=$　(2) $5-1=$

(3) $9-1=$　(4) $9-7=$

(5) $8-1=$　(6) $4-3=$

(7) $10-2=$　(8) $8-6=$

(9) $7-1=$　(10) $9-2=$

(11) $8-4=$　(12) $6-6=$

(13) $9-8=$　(14) $6-4=$

(15) $5-5=$　(16) $10-6=$

2 たまごが　10こ　ありました。そのうち　3こ　つかいました。のこりは　なんこですか。　【ぜんぶできて8てん】

(しき)

こたえ　□　こ

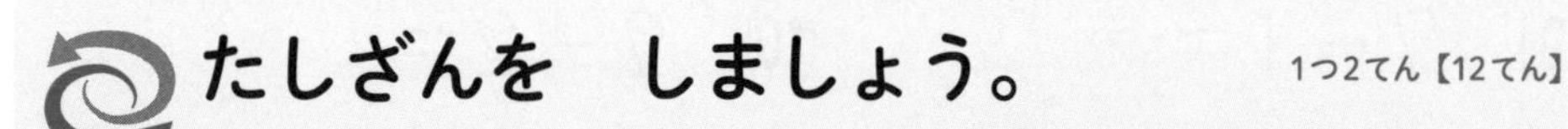

スパイラルコーナー

たしざんを　しましょう。　1つ2てん【12てん】

(1) $1+4=$　(2) $2+7=$

(3) $8+1=$　(4) $7+3=$

(5) $3+3=$　(6) $5+4=$

＼もう１回チャレンジ!! ／

ひきざん④

がくしゅうした日　月　日

なまえ

とくてん　／100てん

1124
解説→175ページ

❶ ひきざんを　しましょう。　1つ5てん【80てん】

(1) 3－2＝　(2) 5－1＝

(3) 9－1＝　(4) 9－7＝

(5) 8－1＝　(6) 4－3＝

(7) 10－2＝　(8) 8－6＝

(9) 7－1＝　(10) 9－2＝

(11) 8－4＝　(12) 6－6＝

(13) 9－8＝　(14) 6－4＝

(15) 5－5＝　(16) 10－6＝

❷ たまごが　10こ　ありました。そのうち　3こ　つかいました。のこりは　なんこですか。　【ぜんぶできて8てん】

(しき)

こたえ □ こ

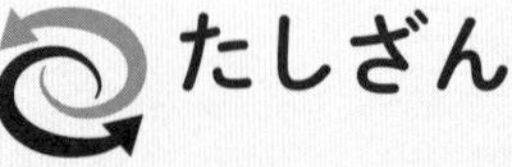

たしざんを　しましょう。　1つ2てん【12てん】

(1) 1＋4＝　(2) 2＋7＝

(3) 8＋1＝　(4) 7＋3＝

(5) 3＋3＝　(6) 5＋4＝

まとめの　テスト⑥

もくひょうじかん　20ぷん

がくしゅうした日　　月　　日

なまえ

とくてん　　／100てん

1125
解説→175ページ

らくらくマルつけ

❶ ひきざんを　しましょう。　1つ4てん【64てん】

(1) 4－2＝　　(2) 5－1＝

(3) 8－1＝　　(4) 9－3＝

(5) 2－0＝　　(6) 6－2＝

(7) 7－5＝　　(8) 8－2＝

(9) 10－2＝　　(10) 7－1＝

(11) 5－2＝　　(12) 9－4＝

(13) 8－7＝　　(14) 4－4＝

(15) 6－3＝　　(16) 8－6＝

❷ すずめが　9わ　います。6わ　とんで　いくと、のこりは　なんわに　なりますか。

【ぜんぶできて18てん】

(しき)

こたえ □ わ

❸ ミカン(みかん)が　8こ、リンゴ(りんご)が　3こ　あります。どちらが　なんこ　おおいですか。

【ぜんぶできて18てん】

(しき)

こたえ □ が □ こ　おおい。

＼もう1回チャレンジ!!／

25 まとめの テスト⑥

もくひょうじかん 20ぷん

がくしゅうした日　月　日

なまえ

とくてん　／100てん

1125
解説→175ページ

❶ ひきざんを　しましょう。　1つ4てん【64てん】

(1) 4－2＝　(2) 5－1＝

(3) 8－1＝　(4) 9－3＝

(5) 2－0＝　(6) 6－2＝

(7) 7－5＝　(8) 8－2＝

(9) 10－2＝　(10) 7－1＝

(11) 5－2＝　(12) 9－4＝

(13) 8－7＝　(14) 4－4＝

(15) 6－3＝　(16) 8－6＝

❷ すずめが　9わ　います。6わ　とんで　いくと、のこりは　なんわに　なりますか。

【ぜんぶできて18てん】

(しき)

こたえ □ わ

❸ ミカン(みかん)が　8こ、リンゴ(りんご)が　3こ　あります。どちらが　なんこ　おおいですか。

【ぜんぶできて18てん】

(しき)

こたえ □ が □ こ　おおい。

まとめの　テスト（てすと）⑦

もくひょうじかん 20ぷん

がくしゅうした日　　月　　日

なまえ

とくてん　　／100てん

らくらくマルつけ　1126　解説→176ページ

❶ ひきざんを　しましょう。　1つ4てん【64てん】

(1) $6-1=$　　(2) $7-3=$

(3) $9-2=$　　(4) $3-0=$

(5) $8-5=$　　(6) $5-4=$

(7) $4-1=$　　(8) $8-8=$

(9) $7-6=$　　(10) $6-4=$

(11) $5-3=$　　(12) $8-4=$

(13) $10-5=$　　(14) $4-3=$

(15) $9-1=$　　(16) $10-7=$

❷ いぬが　2ひき、ねこが　7ひき　います。どちらが　なんびき　おおいですか。

【ぜんぶできて18てん】

（しき）

こたえ ☐ が ☐ ひき　おおい。

❸ いろがみが　10まい　あります。4まい　つかうと、のこりは　なんまいに　なりますか。

【ぜんぶできて18てん】

（しき）

こたえ ☐ まい

\ もう1回チャレンジ!! /

26 まとめの　テスト⑦

もくひょうじかん 20ぷん

がくしゅうした日　　月　　日

なまえ

とくてん　　／100てん

1126
解説→176ページ

1 ひきざんを　しましょう。　1つ4てん【64てん】

(1) 6－1＝　　(2) 7－3＝

(3) 9－2＝　　(4) 3－0＝

(5) 8－5＝　　(6) 5－4＝

(7) 4－1＝　　(8) 8－8＝

(9) 7－6＝　　(10) 6－4＝

(11) 5－3＝　　(12) 8－4＝

(13) 10－5＝　　(14) 4－3＝

(15) 9－1＝　　(16) 10－7＝

2 いぬが　2ひき、ねこが　7ひき　います。どちらが　なんびき　おおいですか。

【ぜんぶできて18てん】

(しき)

こたえ ☐ が ☐ ひき　おおい。

3 いろがみが　10まい　あります。4まい　つかうと、のこりは　なんまいに　なりますか。

【ぜんぶできて18てん】

(しき)

こたえ ☐ まい

27 たしざんと　ひきざん①

もくひょうじかん  20ぷん

がくしゅうした日　月　日

なまえ

とくてん　／100てん

1127
解説→176ページ

❶ けいさんを　しましょう。　1つ4てん【64てん】

(1) 4＋2＝　(2) 6＋1＝

(3) 3－1＝　(4) 6－2＝

(5) 5＋2＝　(6) 5－3＝

(7) 8－1＝　(8) 1＋8＝

(9) 4－2＝　(10) 3＋5＝

(11) 5－1＝　(12) 7＋1＝

(13) 2＋7＝　(14) 9－4＝

(15) 7－3＝　(16) 4＋5＝

❷ カード(かあど)を　6まい　もって　います。おにいさんから　3まい　もらうと、ぜんぶで　なんまいに　なりますか。

【ぜんぶできて18てん】

(しき)

こたえ □ まい

スパイラルコーナー

あめが　8こ　あります。
そのうち　2こ　たべると、
のこりは　なんこですか。

【ぜんぶできて18てん】

(しき)

こたえ □ こ

＼もう１回チャレンジ!! ／

27 たしざんと　ひきざん①

もくひょうじかん  20ぷん

がくしゅうした日　月　日

なまえ

とくてん　／100てん

1127
解説→176ページ

❶ けいさんを　しましょう。　1つ4てん【64てん】

(1) 4＋2＝　(2) 6＋1＝

(3) 3－1＝　(4) 6－2＝

(5) 5＋2＝　(6) 5－3＝

(7) 8－1＝　(8) 1＋8＝

(9) 4－2＝　(10) 3＋5＝

(11) 5－1＝　(12) 7＋1＝

(13) 2＋7＝　(14) 9－4＝

(15) 7－3＝　(16) 4＋5＝

❷ カード(かあど)を　6まい　もって　います。おにいさんから　3まい　もらうと、ぜんぶで　なんまいに　なりますか。

【ぜんぶできて18てん】

(しき)

こたえ □ まい

スパイラルコーナー

あめが　8こ　あります。そのうち　2こ　たべると、のこりは　なんこですか。

【ぜんぶできて18てん】

(しき)

こたえ □ こ

たしざんと　ひきざん②

がくしゅうした日　月　日

なまえ

とくてん　／100てん

❶ けいさんを　しましょう。　1つ4てん【64てん】

(1) 3＋4＝　　(2) 4＋4＝

(3) 7－5＝　　(4) 3－2＝

(5) 6＋2＝　　(6) 5－2＝

(7) 8－4＝　　(8) 5＋3＝

(9) 4－3＝　　(10) 8＋2＝

(11) 6－5＝　　(12) 2＋5＝

(13) 7＋2＝　　(14) 9－3＝

(15) 10－8＝　　(16) 4＋6＝

❷ あかい　ふうせんが　7こ、あおい　ふうせんが　10こ　あります。どちらが　なんこ　おおいですか。【ぜんぶできて18てん】

(しき)

こたえ　□　ふうせんが　□こ　おおい。

スパイラルコーナー

きんぎょすくいを　2かい　しました。1かいめは　5ひき、2かいめは　4ひき　すくいました。あわせて　なんびき　すくいましたか。【ぜんぶできて18てん】

(しき)

こたえ　□ひき

たしざんと　ひきざん②

がくしゅうした日　　月　　日

なまえ

とくてん　　／100てん

1128
解説→176ページ

❶ けいさんを　しましょう。 1つ4てん【64てん】

(1) 3＋4＝　　(2) 4＋4＝

(3) 7－5＝　　(4) 3－2＝

(5) 6＋2＝　　(6) 5－2＝

(7) 8－4＝　　(8) 5＋3＝

(9) 4－3＝　　(10) 8＋2＝

(11) 6－5＝　　(12) 2＋5＝

(13) 7＋2＝　　(14) 9－3＝

(15) 10－8＝　　(16) 4＋6＝

❷ あかい　ふうせんが　7こ、あおい　ふうせんが　10こ　あります。どちらが　なんこ　おおいですか。 【ぜんぶできて18てん】

(しき)

こたえ □ ふうせんが □ こ　おおい。

スパイラルコーナー

きんぎょすくいを　2かい　しました。1かいめは　5ひき、2かいめは　4ひき　すくいました。あわせて　なんびき　すくいましたか。【ぜんぶできて18てん】

(しき)

こたえ □ ひき

パズル②

もくひょうじかん 20ぷん

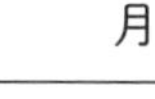

がくしゅうした日　月　日

なまえ

とくてん　／100てん

1129
解説→177ページ

1 (れい)のように、カードに　かかれた　かずを　たしたり　ひいたり　しましょう。

1つ10てん【100てん】

(れい)

2 →(+3) 5 →(−1) 4 →(+4) 8 →(−6) 2

$2+3=5$　$5-1=4$　$4+4=8$　$8-6=2$

(1) 1 →(+4) □ →(−3) □ →(+6) □ →(−5) □

(2) 3 →(+3) □ →(−2) □ →(+5) □ →(−4) □

(3) 4 →(+2) □ →(+3) □ →(−7) □ →(−1) □

(4) 9 →(−5) □ →(−3) □ →(+6) □ →(−4) □

(5) 6 →(−2) □ →(+3) □ →(+1) □ →(−5) □

(6) 7 →(+2) □ →(−8) □ →(+6) □ →(−5) □

(7) 2 →(+4) □ →(−2) □ →(+5) □ →(−3) □

(8) 3 →(−2) □ →(+3) □ →(−4) □ →(+5) □

(9) 4 →(−3) □ →(+1) □ →(+4) □ →(−6) □

(10) 5 →(−2) □ →(+5) □ →(−4) □ →(+3) □

パズル②

がくしゅうした日　月　日

なまえ

とくてん　／100てん

1129
解説→177ページ

1 (れい)のように、カード（かあど）に　かかれた　かず　を　たしたり　ひいたり　しましょう。

(れい)　　1つ10てん【100てん】

2 →(+3) 5 →(−1) 4 →(+4) 8 →(−6) 2

2+3=5　5−1=4　4+4=8　8−6=2

(1) 1 →(+4) □ →(−3) □ →(+6) □ →(−5) □

(2) 3 →(+3) □ →(−2) □ →(+5) □ →(−4) □

(3) 4 →(+2) □ →(+3) □ →(−7) □ →(−1) □

(4) 9 →(−5) □ →(−3) □ →(+6) □ →(−4) □

(5) 6 →(−2) □ →(+3) □ →(+1) □ →(−5) □

(6) 7 →(+2) □ →(−8) □ →(+6) □ →(−5) □

(7) 2 →(+4) □ →(−2) □ →(+5) □ →(−3) □

(8) 3 →(−2) □ →(+3) □ →(−4) □ →(+5) □

(9) 4 →(−3) □ →(+1) □ →(+4) □ →(−6) □

(10) 5 →(−2) □ →(+5) □ →(−4) □ →(+3) □

20までの　かず①

がくしゅうした日　月　日

なまえ

とくてん

／100てん

1130
解説→177ページ

❶ つぎの　かずを　かきましょう。

1つ10てん【50てん】

(1) 10と　3を　あわせた　かず

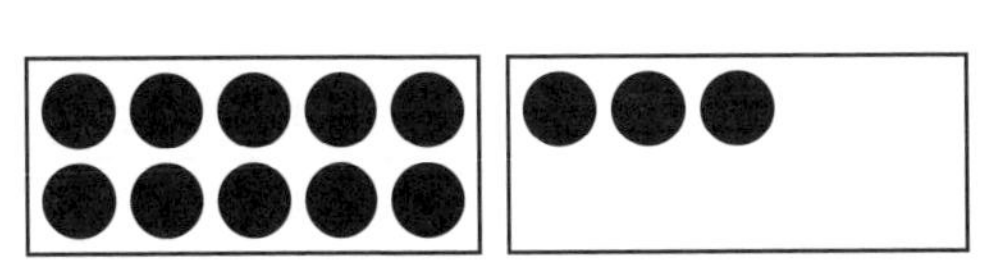

(2) 10と　7を　あわせた　かず

(3) 4と　10を　あわせた　かず

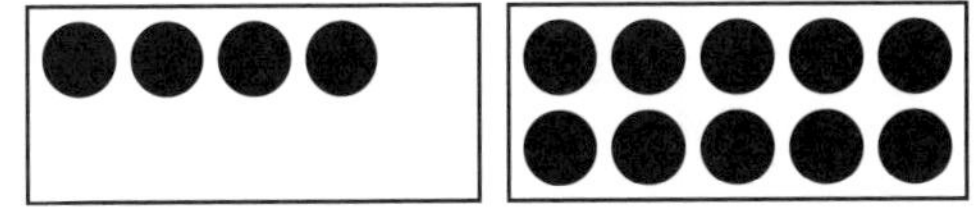

(4) 6と　10を　あわせた　かず

(5) 10と　10を　あわせた　かず

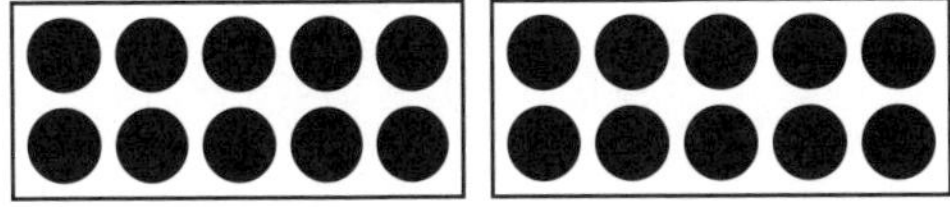

❷ □に　はいる　かずを　かきましょう。

1つ10てん【20てん】

(1) ひだりから　ちいさい　じゅんに
11から　15まで

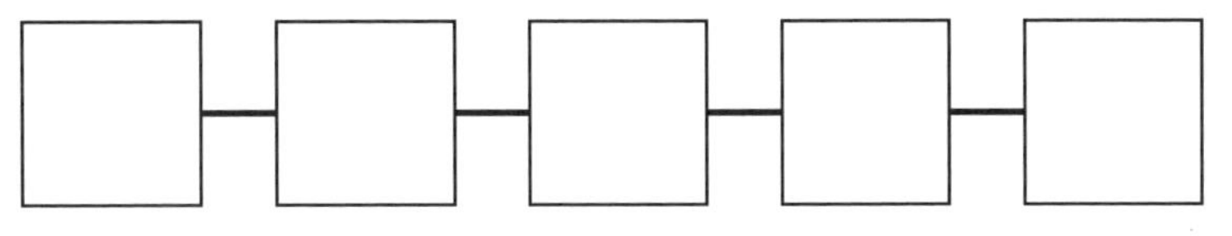

(2) ひだりから　ちいさい　じゅんに
16から　20まで

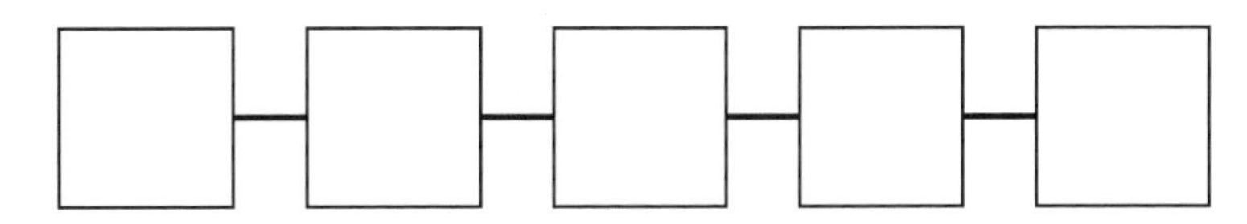

ひきざんを　しましょう。

1つ5てん【30てん】

(1) 4－3＝　(2) 5－2＝

(3) 7－2＝　(4) 6－4＝

(5) 2－2＝　(6) 8－3＝

20までの　かず①

もくひょうじかん 20ぷん

がくしゅうした日　月　日

なまえ

とくてん　／100てん

1130 解説→177ページ

❶ つぎの　かずを　かきましょう。 1つ10てん【50てん】

(1) 10と　3を　あわせた　かず

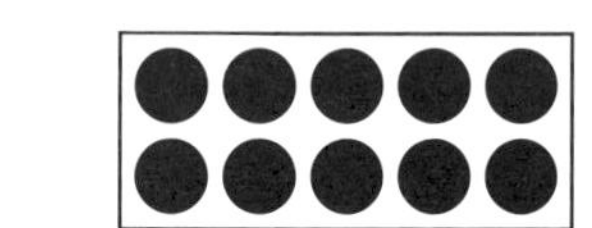

(2) 10と　7を　あわせた　かず

(3) 4と　10を　あわせた　かず

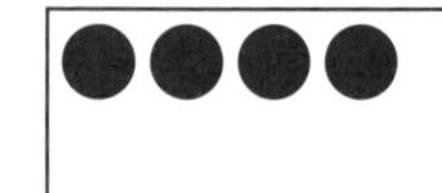

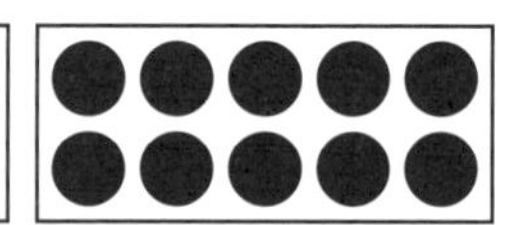

(4) 6と　10を　あわせた　かず

(5) 10と　10を　あわせた　かず

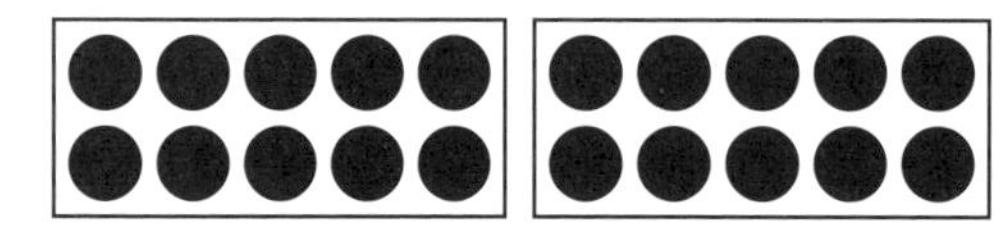

❷ □に　はいる　かずを　かきましょう。 1つ10てん【20てん】

(1) ひだりから　ちいさい　じゅんに
11から　15まで

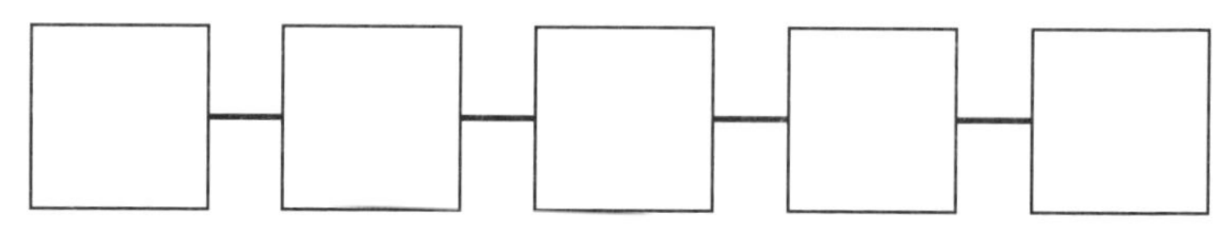

(2) ひだりから　ちいさい　じゅんに
16から　20まで

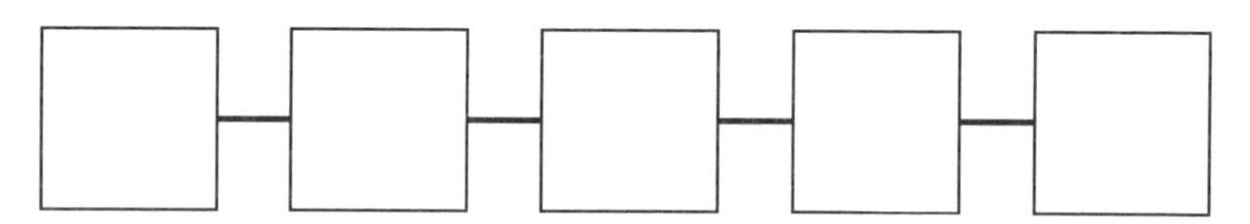

ひきざんを　しましょう。 1つ5てん【30てん】

スパイラルコーナー

(1) $4-3=$　(2) $5-2=$

(3) $7-2=$　(4) $6-4=$

(5) $2-2=$　(6) $8-3=$

20までの　かず②

がくしゅうした日　　月　　日

なまえ

とくてん

／100てん

1131
解説→177ページ

❶ つぎの　かずを　かきましょう。 1つ10てん【50てん】

13－14－15－16－17－18

(1) 13より　1　おおきい　かず 

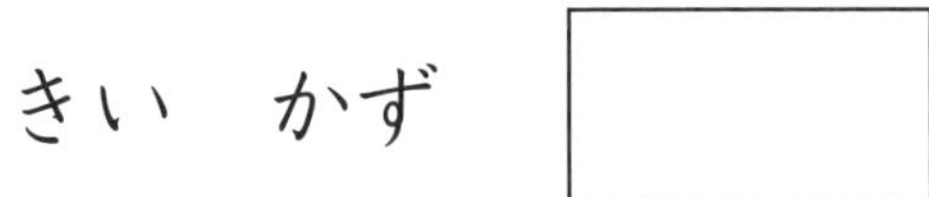

(2) 16より　1　おおきい　かず □

(3) 16より　1　ちいさい　かず 

(4) 18より　2　ちいさい　かず 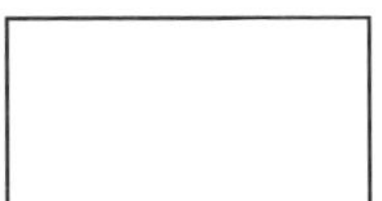

(5) 13より　2　おおきい　かず 

❷ □に　はいる　かずを　かきましょう。

1つ10てん【20てん】

(1) ひだりから　ちいさい　じゅんに　8から　12まで

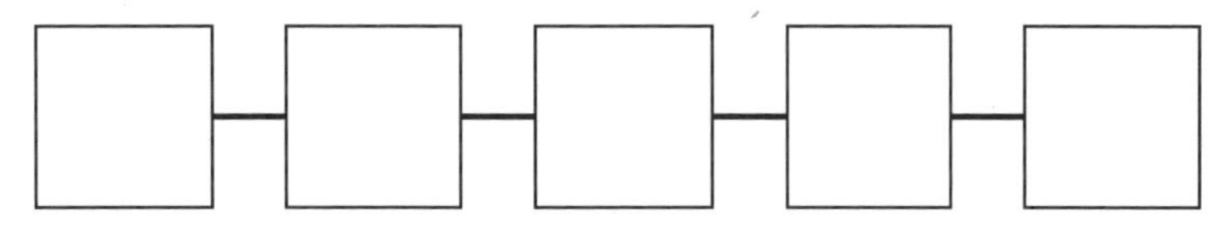

□－□－□－□－□

(2) ひだりから　おおきい　じゅんに　13から　9まで

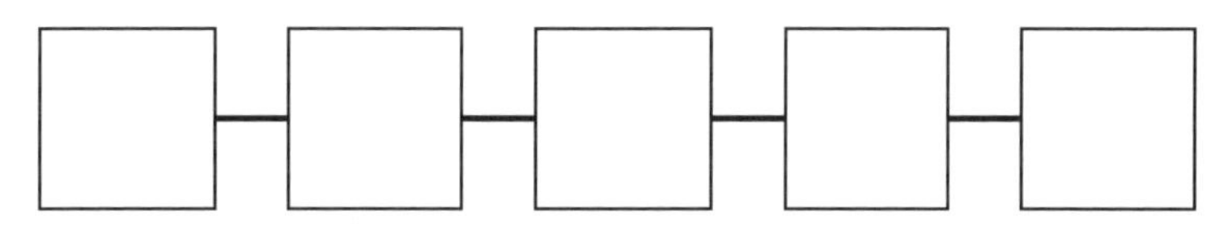

□－□－□－□－□

ひきざんを　しましょう。 1つ5てん【30てん】

(1) $3-1=$　　(2) $5-5=$

(3) $9-2=$　　(4) $6-3=$

(5) $4-1=$　　(6) $8-4=$

20までの　かず②

もくひょうじかん 20ぷん

がくしゅうした日　月　日

なまえ

とくてん　／100てん

1131
解説→177ページ

❶ つぎの　かずを　かきましょう。 1つ10てん【50てん】

13-14-15-16-17-18

(1) 13より　1　おおきい　かず 

(2) 16より　1　おおきい　かず 

(3) 16より　1　ちいさい　かず 

(4) 18より　2　ちいさい　かず 

(5) 13より　2　おおきい　かず 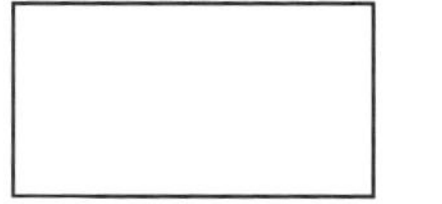

❷ □に　はいる　かずを　かきましょう。 1つ10てん【20てん】

(1) ひだりから　ちいさい　じゅんに　8から　12まで

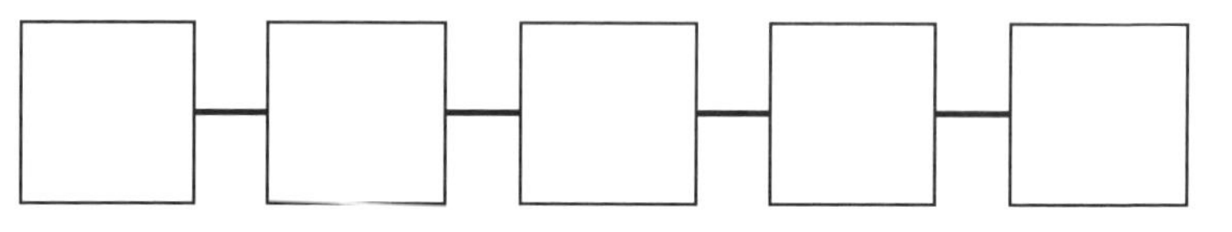

(2) ひだりから　おおきい　じゅんに　13から　9まで

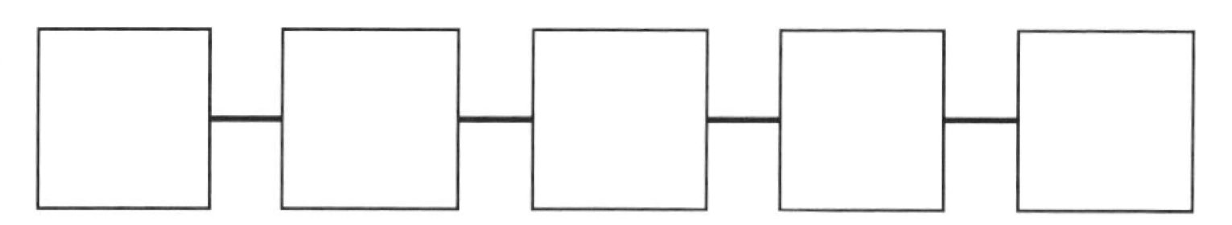

スパイラルコーナー

ひきざんを　しましょう。 1つ5てん【30てん】

(1) 3－1＝　(2) 5－5＝

(3) 9－2＝　(4) 6－3＝

(5) 4－1＝　(6) 8－4＝

20までの　かず③

がくしゅうした日　月　日

なまえ

とくてん

／100てん

1132
解説→177ページ

❶ たしざんを　しましょう。

1つ4てん【8てん】

(1) 10と　4を　あわせると

10+4=

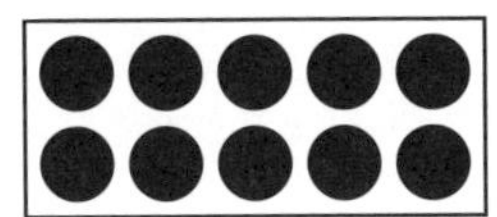

(2) 3と　10を　あわせると

3+10=

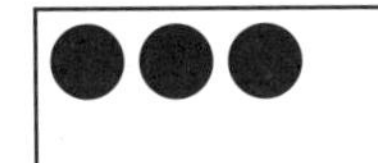
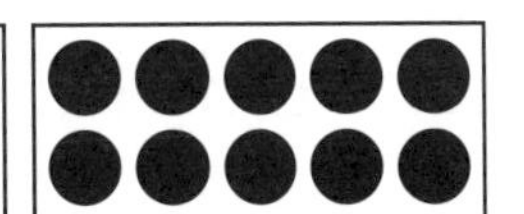

❷ たしざんを　しましょう。

1つ4てん【36てん】

(1) 10+2=　　(2) 10+1=

(3) 10+6=　　(4) 10+5=

(5) 10+0=　　(6) 10+8=

(7) 10+7=　　(8) 10+9=

(9) 10+3=

❸ たしざんを　しましょう。

1つ4てん【32てん】

(1) 1+10=　　(2) 7+10=

(3) 5+10=　　(4) 2+10=

(5) 8+10=　　(6) 6+10=

(7) 4+10=　　(8) 9+10=

ひきざんを　しましょう。

スパイラルコーナー

1つ4てん【24てん】

(1) 5−3=　　(2) 9−0=

(3) 7−6=　　(4) 10−6=

(5) 8−6=　　(6) 1−1=

＼もう１回チャレンジ!! ／

20までの　かず③

もくひょうじかん 20ぷん

がくしゅうした日　月　日

なまえ

とくてん　／100てん

1132 解説→177ページ

❶ たしざんを　しましょう。

1つ4てん【8てん】

(1) 10と　4を　あわせると

10＋4＝

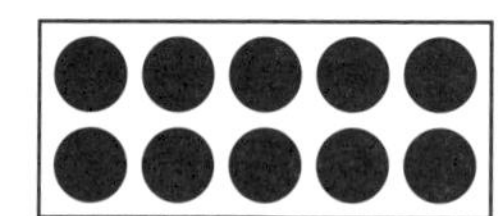

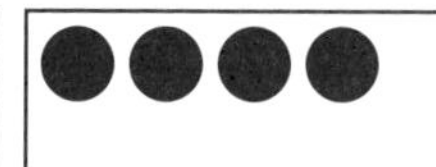

(2) 3と　10を　あわせると

3＋10＝

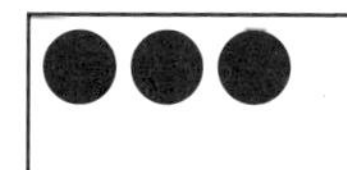

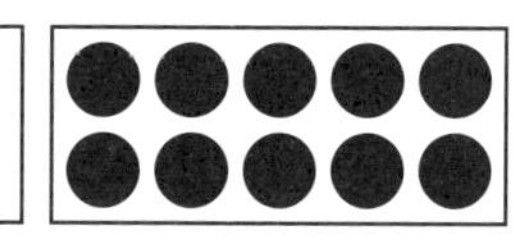

❷ たしざんを　しましょう。

1つ4てん【36てん】

(1) 10＋2＝　(2) 10＋1＝

(3) 10＋6＝　(4) 10＋5＝

(5) 10＋0＝　(6) 10＋8＝

(7) 10＋7＝　(8) 10＋9＝

(9) 10＋3＝

❸ たしざんを　しましょう。

1つ4てん【32てん】

(1) 1＋10＝　(2) 7＋10＝

(3) 5＋10＝　(4) 2＋10＝

(5) 8＋10＝　(6) 6＋10＝

(7) 4＋10＝　(8) 9＋10＝

スパイラルコーナー　ひきざんを　しましょう。

1つ4てん【24てん】

(1) 5－3＝　(2) 9－0＝

(3) 7－6＝　(4) 10－6＝

(5) 8－6＝　(6) 1－1＝

33 20までの　かず④

 がくしゅうした日　　月　　日

なまえ

とくてん　　／100てん

1133
解説→178ページ

らくらくマルつけ

1 12＋3を　けいさんします。□に　はいる　かずを　かきましょう。　1つ4てん【12てん】

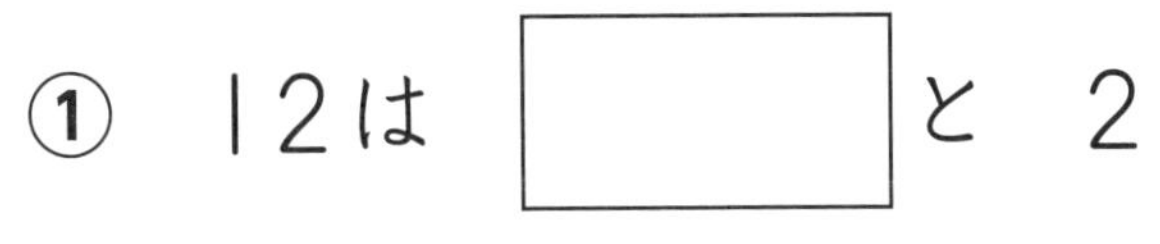

① 12は □ と　2

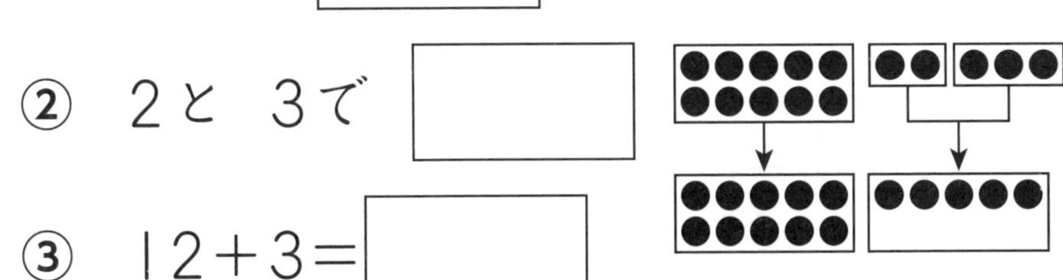

② 2と　3で □

③ 12＋3＝□

2 たしざんを　しましょう。　1つ4てん【24てん】

(1) 11＋7＝　　(2) 13＋5＝

(3) 12＋4＝　　(4) 15＋2＝

(5) 14＋5＝　　(6) 16＋1＝

3 たしざんを　しましょう。　1つ5てん【40てん】

(1) 6＋12＝　　(2) 17＋1＝

(3) 11＋2＝　　(4) 15＋4＝

(5) 13＋2＝　　(6) 4＋14＝

(7) 3＋16＝　　(8) 1＋18＝

スパイラルコーナー　ひきざんを　しましょう。　1つ4てん【24てん】

(1) 9－5＝　　(2) 8－2＝

(3) 10－1＝　　(4) 7－4＝

(5) 3－3＝　　(6) 5－4＝

20までの　かず④

もくひょうじかん 20ぷん

がくしゅうした日　月　日

なまえ

とくてん　／100てん

1133 解説→178ページ

❶ 12＋3を　けいさんします。□に　はいる　かずを　かきましょう。 1つ4てん【12てん】

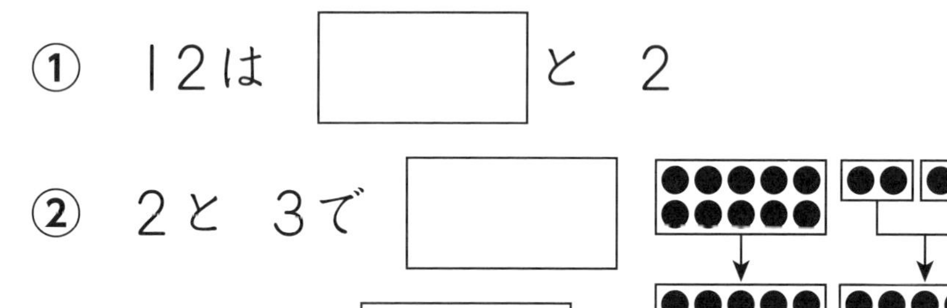

① 12は □ と　2

② 2と　3で □

③ 12＋3＝□

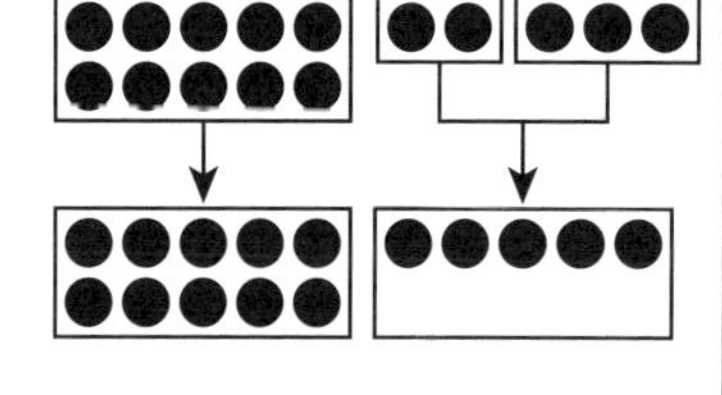

❷ たしざんを　しましょう。 1つ4てん【24てん】

(1) 11＋7＝　(2) 13＋5＝

(3) 12＋4＝　(4) 15＋2＝

(5) 14＋5＝　(6) 16＋1＝

❸ たしざんを　しましょう。 1つ5てん【40てん】

(1) 6＋12＝　(2) 17＋1＝

(3) 11＋2＝　(4) 15＋4＝

(5) 13＋2＝　(6) 4＋14＝

(7) 3＋16＝　(8) 1＋18＝

スパイラルコーナー　ひきざんを　しましょう。 1つ4てん【24てん】

(1) 9−5＝　(2) 8−2＝

(3) 10−1＝　(4) 7−4＝

(5) 3−3＝　(6) 5−4＝

20までの　かず⑤

がくしゅうした日　月　日
なまえ
とくてん
／100てん

1134
解説→178ページ

1 たしざんを　しましょう。 1つ4てん【64てん】

(1) 11＋1＝　(2) 5＋12＝

(3) 7＋12＝　(4) 2＋15＝

(5) 3＋13＝　(6) 14＋1＝

(7) 15＋1＝　(8) 11＋8＝

(9) 4＋12＝　(10) 3＋15＝

(11) 2＋16＝　(12) 18＋1＝

(13) 3＋11＝　(14) 13＋4＝

(15) 14＋2＝　(16) 17＋2＝

2 えんぴつが　15ほん　あります。4ほん　かうと　えんぴつは　ぜんぶで　なんぼんに　なりますか。 【ぜんぶできて18てん】

(しき)

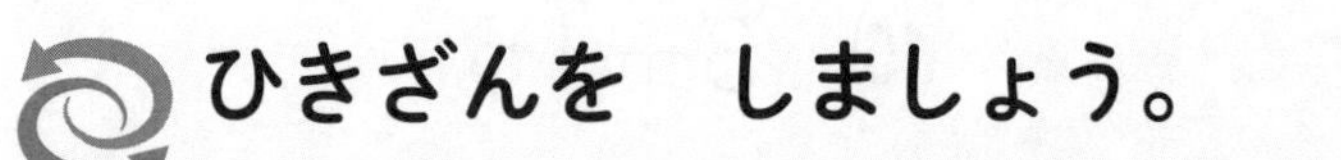

スパイラルコーナー　ひきざんを　しましょう。 1つ3てん【18てん】

(1) 10－4＝　(2) 9－3＝

(3) 6－2＝　(4) 2－1＝

(5) 7－3＝　(6) 9－9＝

20までの　かず⑤

がくしゅうした日　　月　　日

なまえ

とくてん

／100てん

1134
解説→178ページ

❶ たしざんを　しましょう。　1つ4てん【64てん】

(1) $11+1=$　　(2) $5+12=$

(3) $7+12=$　　(4) $2+15=$

(5) $3+13=$　　(6) $14+1=$

(7) $15+1=$　　(8) $11+8=$

(9) $4+12=$　　(10) $3+15=$

(11) $2+16=$　　(12) $18+1=$

(13) $3+11=$　　(14) $13+4=$

(15) $14+2=$　　(16) $17+2=$

❷ えんぴつが　15ほん　あります。4ほん　かうと　えんぴつは　ぜんぶで　なんぼんに　なりますか。　【ぜんぶできて18てん】

(しき)

こたえ　□ほん

ひきざんを　しましょう。　1つ3てん【18てん】

(1) $10-4=$　　(2) $9-3=$

(3) $6-2=$　　(4) $2-1=$

(5) $7-3=$　　(6) $9-9=$

35 20までの　かず ⑥

がくしゅうした日　　月　　日

なまえ

とくてん　　／100てん

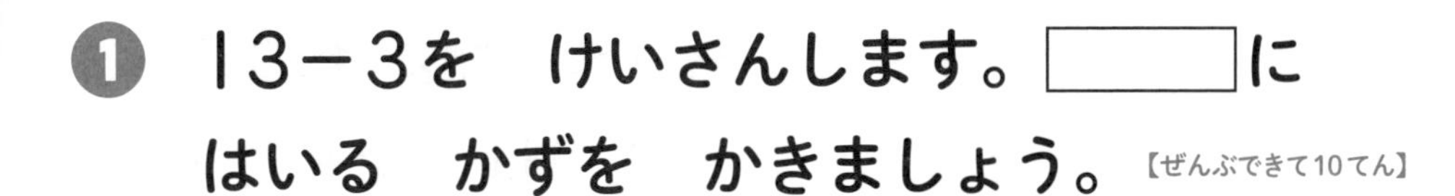

1 13－3を　けいさんします。□に　はいる　かずを　かきましょう。【ぜんぶできて10てん】

① 13を　10と □ に　わける。

② 13から　3を　とると □ 。

とる

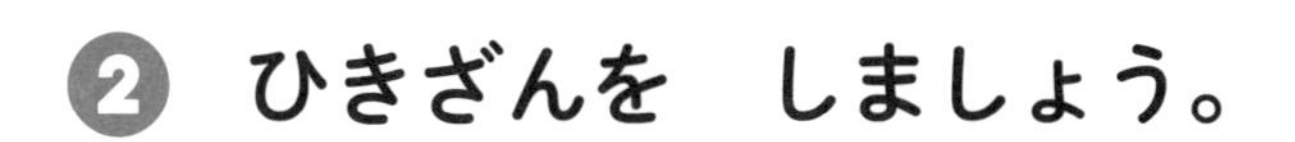

2 ひきざんを　しましょう。　1つ6てん【48てん】

(1) 14－4＝　　(2) 10－0＝

(3) 15－5＝　　(4) 17－7＝

(5) 16－6＝　　(6) 11－1＝

(7) 19－9＝　　(8) 18－8＝

3 リンゴ（りんご）が　12こ　ありました。そのうち、2こ　たべました。のこりは　なんこですか。【ぜんぶできて12てん】

(しき)

こたえ □ こ

スパイラルコーナー　たしざんを　しましょう。　1つ5てん【30てん】

(1) 3＋1＝　　(2) 4＋3＝

(3) 6＋2＝　　(4) 0＋10＝

(5) 5＋4＝　　(6) 7＋0＝

\ もう1回チャレンジ!! /

20までの　かず ⑥

もくひょうじかん 20ぷん

がくしゅうした日　　月　　日

なまえ

とくてん

／100てん

1135
解説→178ページ

❶ 13−3を　けいさんします。□に　はいる　かずを　かきましょう。【ぜんぶできて10てん】

① 13を　10と □ に　わける。

② 13から　3を

とると □。

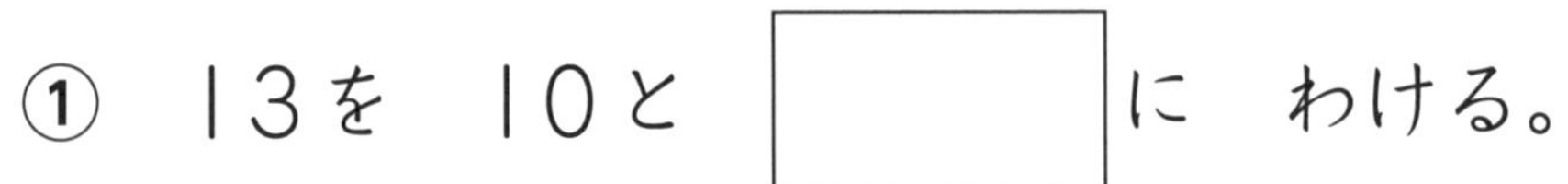

❷ ひきざんを　しましょう。　1つ6てん【48てん】

(1) 14−4＝　　(2) 10−0＝

(3) 15−5＝　　(4) 17−7＝

(5) 16−6＝　　(6) 11−1＝

(7) 19−9＝　　(8) 18−8＝

❸ リンゴ（りんご）が　12こ　ありました。そのうち、2こ　たべました。のこりは　なんこですか。【ぜんぶできて12てん】

(しき)

こたえ □ こ

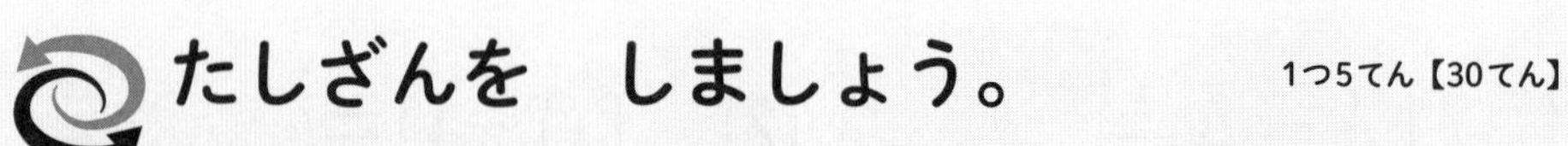

スパイラルコーナー

たしざんを　しましょう。　1つ5てん【30てん】

(1) 3＋1＝　　(2) 4＋3＝

(3) 6＋2＝　　(4) 0＋10＝

(5) 5＋4＝　　(6) 7＋0＝

20までの　かず⑦

もくひょうじかん 20ぷん

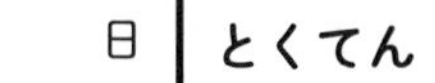

がくしゅうした日　月　日

なまえ

とくてん

／100てん

1136
解説→179ページ

❶ 14−3を　けいさんします。□に はいる　かずを　かきましょう。　1つ4てん【12てん】

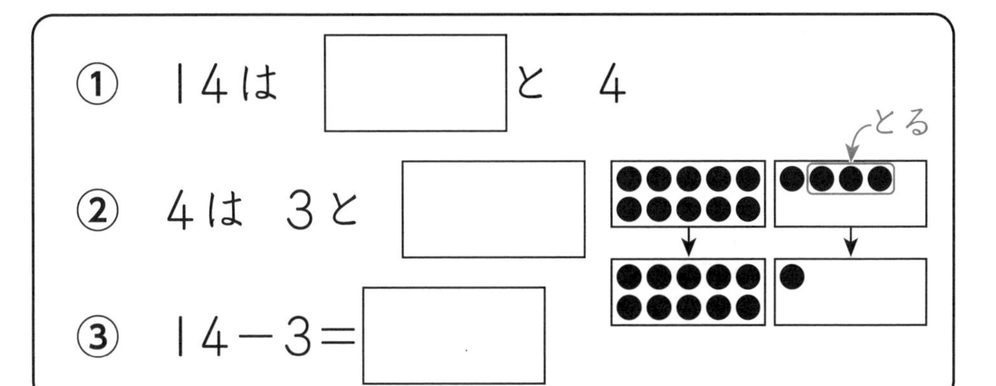

❷ ひきざんを　しましょう。　1つ5てん【30てん】

(1) 15−1=　　(2) 17−3=

(3) 19−3=　　(4) 13−2=

(5) 16−2=　　(6) 19−7=

❸ ひきざんを　しましょう。　1つ5てん【40てん】

(1) 12−1=　　(2) 15−3=

(3) 17−6=　　(4) 16−3=

(5) 14−1=　　(6) 18−2=

(7) 17−2=　　(8) 19−5=

スパイラルコーナー　たしざんを　しましょう。　1つ3てん【18てん】

(1) 3+4=　　(2) 5+4=

(3) 0+4=　　(4) 1+5=

(5) 4+2=　　(6) 8+0=

20までの　かず⑦

がくしゅうした日　月　日

なまえ

とくてん

／100てん

❶ 14－3を　けいさんします。□に　はいる　かずを　かきましょう。 1つ4てん【12てん】

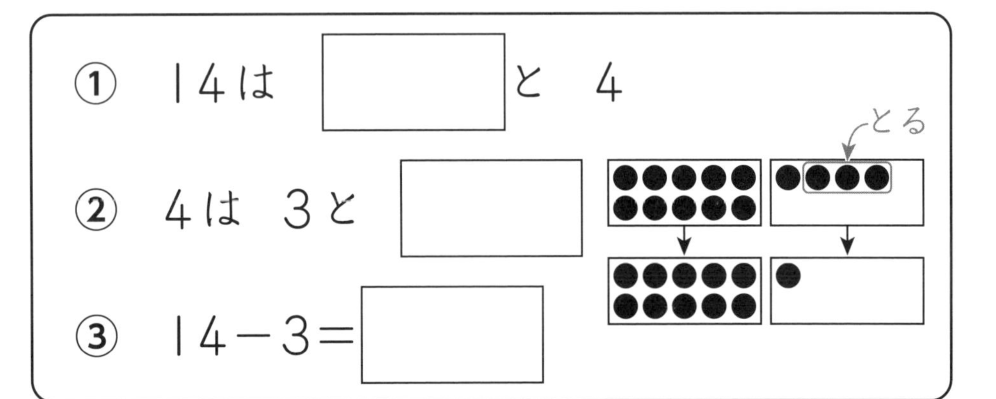

❷ ひきざんを　しましょう。 1つ5てん【30てん】

(1) 15－1＝　(2) 17－3＝

(3) 19－3＝　(4) 13－2＝

(5) 16－2＝　(6) 19－7＝

❸ ひきざんを　しましょう。 1つ5てん【40てん】

(1) 12－1＝　(2) 15－3＝

(3) 17－6＝　(4) 16－3＝

(5) 14－1＝　(6) 18－2＝

(7) 17－2＝　(8) 19－5＝

たしざんを　しましょう。 1つ3てん【18てん】

(1) 3＋4＝　(2) 5＋4＝

(3) 0＋4＝　(4) 1＋5＝

(5) 4＋2＝　(6) 8＋0＝

20までの　かず⑧

がくしゅうした日　　月　　日

なまえ

とくてん

／100てん

1137
解説→179ページ

1 ひきざんを　しましょう。　1つ4てん【64てん】

(1) 13－1＝　　(2) 18－5＝

(3) 19－4＝　　(4) 16－4＝

(5) 15－2＝　　(6) 18－3＝

(7) 19－8＝　　(8) 17－1＝

(9) 17－4＝　　(10) 16－1＝

(11) 14－2＝　　(12) 19－6＝

(13) 18－4＝　　(14) 15－4＝

(15) 16－5＝　　(16) 17－5＝

2 なわとびで　さらさんは　19かい、まみさんは　5かい　とびました。さらさんは　まみさんより　なんかい　おおく　とびましたか。　【ぜんぶできて18てん】

(しき)

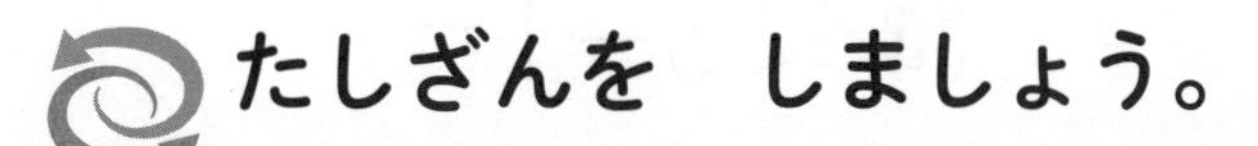

こたえ　□　かい

スパイラルコーナー

たしざんを　しましょう。　1つ3てん【18てん】

(1) 5＋1＝　　(2) 0＋8＝

(3) 6＋4＝　　(4) 3＋4＝

(5) 1＋0＝　　(6) 9＋1＝

37 20までの　かず⑧

がくしゅうした日　　月　　日

なまえ

とくてん　　／100てん

らくらくマルつけ

1137
解説→179ページ

❶ ひきざんを　しましょう。 1つ4てん【64てん】

(1) 13－1＝　　(2) 18－5＝

(3) 19－4＝　　(4) 16－4＝

(5) 15－2＝　　(6) 18－3＝

(7) 19－8＝　　(8) 17－1＝

(9) 17－4＝　　(10) 16－1＝

(11) 14－2＝　　(12) 19－6＝

(13) 18－4＝　　(14) 15－4＝

(15) 16－5＝　　(16) 17－5＝

❷ なわとびで　さらさんは　19かい、まみさんは　5かい　とびました。さらさんは　まみさんより　なんかい　おおく　とびましたか。 【ぜんぶできて18てん】

(しき)

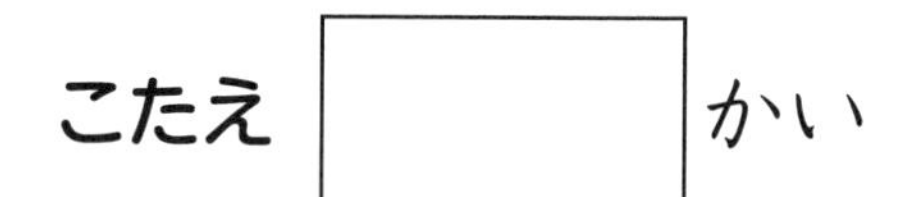

こたえ　□かい

スパイラルコーナー

たしざんを　しましょう。 1つ3てん【18てん】

(1) 5＋1＝　　(2) 0＋8＝

(3) 6＋4＝　　(4) 3＋4＝

(5) 1＋0＝　　(6) 9＋1＝

まとめの　テスト⑧

もくひょうじかん 20ぷん

がくしゅうした日　　月　　日

なまえ

とくてん　　／100てん

❶ けいさんを　しましょう。

1つ4てん【64てん】

(1) 11＋2＝　　　(2) 14－3＝

(3) 13－1＝　　　(4) 5＋11＝

(5) 15－2＝　　　(6) 17－6＝

(7) 2＋17＝　　　(8) 13＋4＝

(9) 11＋6＝　　　(10) 18－2＝

(11) 15－4＝　　　(12) 12＋1＝

(13) 12＋3＝　　　(14) 18－3＝

(15) 16－3＝　　　(16) 15＋2＝

❷ かぶとむしが　16ぴき、くわがたが　5ひき　います。かぶとむしの　ほうが　なんびき　おおいですか。

【ぜんぶできて18てん】

(しき)

こたえ ［　　］ ぴき

❸ きのうまでに　あさがおが　14こ　さきました。きょうは　4こ　さきました。ぜんぶで　なんこ　さきましたか。

【ぜんぶできて18てん】

(しき)

こたえ ［　　］ こ

＼もう1回チャレンジ!! ／

38 まとめの テスト⑧

がくしゅうした日　月　日

なまえ

とくてん

／100てん

1138
解説→179ページ

1 けいさんを しましょう。　1つ4てん【64てん】

(1) 11＋2＝　(2) 14－3＝

(3) 13－1＝　(4) 5＋11＝

(5) 15－2＝　(6) 17－6＝

(7) 2＋17＝　(8) 13＋4＝

(9) 11＋6＝　(10) 18－2＝

(11) 15－4＝　(12) 12＋1＝

(13) 12＋3＝　(14) 18－3＝

(15) 16－3＝　(16) 15＋2＝

2 かぶとむしが 16ぴき、くわがたが 5ひき います。かぶとむしの ほうが なんびき おおいですか。【ぜんぶできて18てん】

(しき)

こたえ □ ぴき

3 きのうまでに あさがおが 14こ さきました。きょうは 4こ さきました。ぜんぶで なんこ さきましたか。

【ぜんぶできて18てん】

(しき)

こたえ □ こ

39 まとめの　テスト⑨

がくしゅうした日　月　日
なまえ
とくてん　／100てん

❶ けいさんを　しましょう。 1つ4てん【64てん】

(1) 11＋3＝　(2) 14－2＝

(3) 5＋13＝　(4) 16－4＝

(5) 15－1＝　(6) 11＋7＝

(7) 12＋3＝　(8) 13＋3＝

(9) 15－3＝　(10) 18－1＝

(11) 12＋4＝　(12) 4＋11＝

(13) 17－5＝　(14) 2＋12＝

(15) 11＋8＝　(16) 19－7＝

❷ すいそうに　めだかが　12ひき　います。そこへ　めだかを　7ひき　いれると、ぜんぶで　なんびきに　なりますか。 【ぜんぶできて18てん】

(しき)

こたえ　□　ひき

❸ バス（ばす）に　18にん　のって　います。6にん　おりると、のって　いるのは　なんにんに　なりますか。 【ぜんぶできて18てん】

(しき)

こたえ　□　にん

＼もう１回チャレンジ!!／

39 まとめの　テスト（てすと）⑨

もくひょうじかん 20ぷん

がくしゅうした日　月　日

なまえ

とくてん　／100てん

解説→179ページ

❶ けいさんを　しましょう。　1つ4てん【64てん】

(1) $11+3=$　　(2) $14-2=$

(3) $5+13=$　　(4) $16-4=$

(5) $15-1=$　　(6) $11+7=$

(7) $12+3=$　　(8) $13+3=$

(9) $15-3=$　　(10) $18-1=$

(11) $12+4=$　　(12) $4+11=$

(13) $17-5=$　　(14) $2+12=$

(15) $11+8=$　　(16) $19-7=$

❷ すいそうに　めだかが　12ひき　います。そこへ　めだかを　7ひき　いれると、ぜんぶで　なんびきに　なりますか。

【ぜんぶできて18てん】

（しき）

こたえ ☐ ひき

❸ バス（ばす）に　18にん　のって　います。6にん　おりると、のって　いるのは　なんにんに　なりますか。【ぜんぶできて18てん】

（しき）

こたえ ☐ にん

3つの　かずの　けいさん①

がくしゅうした日　　月　　日

なまえ

とくてん

／100てん

1 3+4+2を　けいさんします。□に　はいる　かずを　かきましょう。【ぜんぶできて10てん】

3+4+2=□+2 ←まえから　じゅんに　けいさんします。

=□ ←「=」を　そろえて　かきます。

2 けいさんを　しましょう。1つ4てん【40てん】

(1) 2+3+1=　　(2) 3+2+1=

(3) 1+3+4=　　(4) 2+5+1=

(5) 4+1+5=　　(6) 1+4+1=

(7) 4+2+1=　　(8) 5+3+2=

(9) 3+2+4=　　(10) 2+4+1=

3 けいさんを　しましょう。1つ4てん【32てん】

(1) 6+4+5=　　(2) 5+5+9=

(3) 9+1+3=　　(4) 3+7+6=

(5) 8+2+6=　　(6) 1+9+8=

(7) 7+3+4=　　(8) 4+6+2=

スパイラルコーナー　つぎの　かずを　かきましょう。1つ6てん【18てん】

(1) 10と　5を　あわせた　かず □

(2) 1と　10を　あわせた　かず □

(3) 10と　8を　あわせた　かず □

40 3つの　かずの　けいさん①

がくしゅうした日　　月　　日

なまえ

とくてん

／100てん

1140
解説→180ページ

❶ 3＋4＋2を　けいさんします。□に　はいる　かずを　かきましょう。【ぜんぶできて10てん】

3＋4＋2＝□＋2 ←まえから　じゅんに　けいさんします。

＝□ ←「＝」を　そろえて　かきます。

❷ けいさんを　しましょう。1つ4てん【40てん】

(1) 2＋3＋1＝　　(2) 3＋2＋1＝

(3) 1＋3＋4＝　　(4) 2＋5＋1＝

(5) 4＋1＋5＝　　(6) 1＋4＋1＝

(7) 4＋2＋1＝　　(8) 5＋3＋2＝

(9) 3＋2＋4＝　　(10) 2＋4＋1＝

❸ けいさんを　しましょう。1つ4てん【32てん】

(1) 6＋4＋5＝　　(2) 5＋5＋9＝

(3) 9＋1＋3＝　　(4) 3＋7＋6＝

(5) 8＋2＋6＝　　(6) 1＋9＋8＝

(7) 7＋3＋4＝　　(8) 4＋6＋2＝

スパイラルコーナー

つぎの　かずを　かきましょう。1つ6てん【18てん】

(1) 10と　5を　あわせた　かず □

(2) 1と　10を　あわせた　かず □

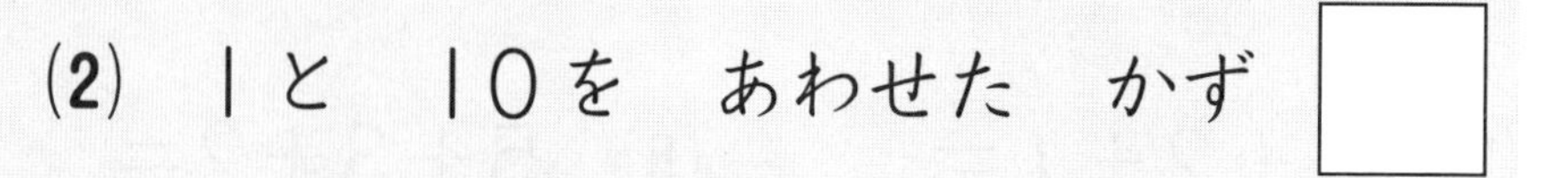

(3) 10と　8を　あわせた　かず □

3つの　かずの　けいさん②

がくしゅうした日　月　日

なまえ

とくてん

／100てん

1141
解説→180ページ

❶ けいさんを　しましょう。

1つ3てん【48てん】

(1) $2+4+3=$　(2) $5+1+3=$

(3) $1+3+2=$　(4) $2+2+2=$

(5) $4+3+1=$　(6) $3+1+3=$

(7) $1+2+7=$　(8) $5+2+2=$

(9) $3+5+1=$　(10) $2+1+4=$

(11) $4+5+1=$　(12) $1+5+1=$

(13) $6+1+1=$　(14) $3+4+1=$

(15) $3+3+3=$　(16) $6+1+3=$

❷ けいさんを　しましょう。

1つ4てん【40てん】

(1) $6+4+7=$　(2) $7+3+2=$

(3) $2+8+3=$　(4) $5+5+8=$

(5) $9+1+5=$　(6) $8+2+7=$

(7) $4+6+1=$　(8) $1+9+6=$

(9) $3+7+4=$　(10) $2+8+9=$

つぎの　かずを　かきましょう。

1つ6てん【12てん】

(1) 14より　3　大(おお)きい　かず　□

(2) 16より　2　小(ちい)さい　かず　□

＼もう１回チャレンジ!! ／

3つの　かずの　けいさん②

もくひょうじかん 20ぷん

がくしゅうした日　月　日

なまえ

とくてん　／100てん

1141
解説→180ページ

らくらくマルつけ

❶ けいさんを　しましょう。

1つ3てん【48てん】

(1) 2＋4＋3＝　　(2) 5＋1＋3＝

(3) 1＋3＋2＝　　(4) 2＋2＋2＝

(5) 4＋3＋1＝　　(6) 3＋1＋3＝

(7) 1＋2＋7＝　　(8) 5＋2＋2＝

(9) 3＋5＋1＝　　(10) 2＋1＋4＝

(11) 4＋5＋1＝　　(12) 1＋5＋1＝

(13) 6＋1＋1＝　　(14) 3＋4＋1＝

(15) 3＋3＋3＝　　(16) 6＋1＋3＝

❷ けいさんを　しましょう。

1つ4てん【40てん】

(1) 6＋4＋7＝　　(2) 7＋3＋2＝

(3) 2＋8＋3＝　　(4) 5＋5＋8＝

(5) 9＋1＋5＝　　(6) 8＋2＋7＝

(7) 4＋6＋1＝　　(8) 1＋9＋6＝

(9) 3＋7＋4＝　　(10) 2＋8＋9＝

スパイラルコーナー

つぎの　かずを　かきましょう。

1つ6てん【12てん】

(1) 14より　3　大(おお)きい　かず

(2) 16より　2　小(ちい)さい　かず

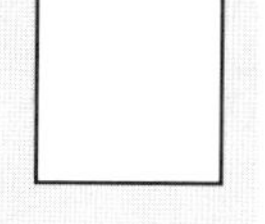

3つの　かずの　けいさん③

がくしゅうした日　　月　　日

なまえ

とくてん　　／100てん

解説→180ページ

❶ けいさんを　しましょう。　1つ3てん【48てん】

(1) 6－2－1＝　　(2) 8－4－1＝

(3) 9－3－4＝　　(4) 7－2－4＝

(5) 8－2－1＝　　(6) 5－1－1＝

(7) 7－5－1＝　　(8) 8－3－4＝

(9) 9－2－3＝　　(10) 6－3－2＝

(11) 9－3－6＝　　(12) 9－1－4＝

(13) 6－1－3＝　　(14) 8－6－1＝

(15) 9－4－2＝　　(16) 7－3－2＝

❷ けいさんを　しましょう。　1つ4てん【40てん】

(1) 12－2－5＝　　(2) 11－1－7＝

(3) 14－4－4＝　　(4) 15－5－9＝

(5) 17－7－3＝　　(6) 16－6－8＝

(7) 19－9－6＝　　(8) 12－2－7＝

(9) 13－3－1＝　　(10) 18－8－4＝

スパイラルコーナー　たしざんを　しましょう。　1つ3てん【12てん】

(1) 10＋2＝　　(2) 10＋9＝

(3) 7＋10＝　　(4) 4＋10＝

3つの　かずの　けいさん③

がくしゅうした日　　月　　日

なまえ

とくてん

／100てん

1142
解説→180ページ

❶ けいさんを　しましょう。

1つ3てん【48てん】

(1) $6-2-1=$　　(2) $8-4-1=$

(3) $9-3-4=$　　(4) $7-2-4=$

(5) $8-2-1=$　　(6) $5-1-1=$

(7) $7-5-1=$　　(8) $8-3-4=$

(9) $9-2-3=$　　(10) $6-3-2=$

(11) $9-3-6=$　　(12) $9-1-4=$

(13) $6-1-3=$　　(14) $8-6-1=$

(15) $9-4-2=$　　(16) $7-3-2=$

❷ けいさんを　しましょう。

1つ4てん【40てん】

(1) $12-2-5=$　　(2) $11-1-7=$

(3) $14-4-4=$　　(4) $15-5-9=$

(5) $17-7-3=$　　(6) $16-6-8=$

(7) $19-9-6=$　　(8) $12-2-7=$

(9) $13-3-1=$　　(10) $18-8-4=$

たしざんを　しましょう。

スパイラルコーナー

1つ3てん【12てん】

(1) $10+2=$　　(2) $10+9=$

(3) $7+10=$　　(4) $4+10=$

3つの　かずの　けいさん④

がくしゅうした日　　月　　日

なまえ

とくてん　　／100てん

1143
解説→181ページ

1 けいさんを　しましょう。　1つ3てん【48てん】

(1) 7－2－1＝　　(2) 5－2－2＝

(3) 8－3－2＝　　(4) 10－4－3＝

(5) 6－3－1＝　　(6) 9－7－1＝

(7) 8－1－5＝　　(8) 7－4－2＝

(9) 10－5－1＝　　(10) 6－4－2＝

(11) 9－1－2＝　　(12) 7－1－4＝

(13) 8－2－4＝　　(14) 10－6－1＝

(15) 6－1－4＝　　(16) 10－2－2＝

2 けいさんを　しましょう。　1つ4てん【40てん】

(1) 13－3－5＝　　(2) 11－1－5＝

(3) 15－5－9＝　　(4) 18－8－1＝

(5) 11－1－8＝　　(6) 14－4－2＝

(7) 16－6－4＝　　(8) 19－9－4＝

(9) 12－2－7＝　　(10) 17－7－6＝

スパイラルコーナー　**たしざんを　しましょう。**　1つ3てん【12てん】

(1) 13＋4＝　　(2) 11＋3＝

(3) 5＋14＝　　(4) 6＋11＝

3つの　かずの　けいさん④

もくひょうじかん 20ぷん

がくしゅうした日　月　日

なまえ

とくてん　／100てん

1143 解説→181ページ

❶ けいさんを　しましょう。

1つ3てん【48てん】

(1) 7－2－1＝　(2) 5－2－2＝

(3) 8－3－2＝　(4) 10－4－3＝

(5) 6－3－1＝　(6) 9－7－1＝

(7) 8－1－5＝　(8) 7－4－2＝

(9) 10－5－1＝　(10) 6－4－2＝

(11) 9－1－2＝　(12) 7－1－4＝

(13) 8－2－4＝　(14) 10－6－1＝

(15) 6－1－4＝　(16) 10－2－2＝

❷ けいさんを　しましょう。

1つ4てん【40てん】

(1) 13－3－5＝　(2) 11－1－5＝

(3) 15－5－9＝　(4) 18－8－1＝

(5) 11－1－8＝　(6) 14－4－2＝

(7) 16－6－4＝　(8) 19－9－4＝

(9) 12－2－7＝　(10) 17－7－6＝

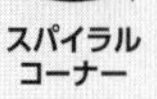

スパイラルコーナー

たしざんを　しましょう。

1つ3てん【12てん】

(1) 13＋4＝　(2) 11＋3＝

(3) 5＋14＝　(4) 6＋11＝

44 3つの　かずの　けいさん⑤

がくしゅうした日　月　日

なまえ

とくてん

／100てん

解説→181ページ

❶ けいさんを　しましょう。　1つ3てん【48てん】

(1) $3+6-4=$　　(2) $7+2-5=$

(3) $4+4-1=$　　(4) $6+2-3=$

(5) $1+4-2=$　　(6) $2+5-4=$

(7) $5+3-3=$　　(8) $8+1-7=$

(9) $9-7+6=$　　(10) $5-4+8=$

(11) $7-3+2=$　　(12) $10-5+1=$

(13) $8-6+5=$　　(14) $6-3+7=$

(15) $10-7+6=$　　(16) $7-4+1=$

❷ けいさんを　しましょう。　1つ4てん【40てん】

(1) $8+2-3=$　　(2) $17-7+1=$

(3) $5+5-9=$　　(4) $13-3+9=$

(5) $9+1-4=$　　(6) $12-2+4=$

(7) $6+4-2=$　　(8) $18-8+2=$

(9) $3+7-8=$　　(10) $19-9+8=$

スパイラルコーナー　たしざんを　しましょう。　1つ3てん【12てん】

(1) $14+2=$　　(2) $3+11=$

(3) $6+12=$　　(4) $15+4=$

3つの　かずの　けいさん⑤

もくひょうじかん 20ぷん

がくしゅうした日　　月　　日

なまえ

とくてん　　／100てん

らくらくマルつけ
1144
解説→181ページ

❶ けいさんを　しましょう。　1つ3てん【48てん】

(1) 3＋6－4＝　(2) 7＋2－5＝

(3) 4＋4－1＝　(4) 6＋2－3＝

(5) 1＋4－2＝　(6) 2＋5－4＝

(7) 5＋3－3＝　(8) 8＋1－7＝

(9) 9－7＋6＝　(10) 5－4＋8＝

(11) 7－3＋2＝　(12) 10－5＋1＝

(13) 8－6＋5＝　(14) 6－3＋7＝

(15) 10－7＋6＝　(16) 7－4＋1＝

❷ けいさんを　しましょう。　1つ4てん【40てん】

(1) 8＋2－3＝　(2) 17－7＋1＝

(3) 5＋5－9＝　(4) 13－3＋9＝

(5) 9＋1－4＝　(6) 12－2＋4＝

(7) 6＋4－2＝　(8) 18－8＋2＝

(9) 3＋7－8＝　(10) 19－9＋8＝

スパイラルコーナー　たしざんを　しましょう。　1つ3てん【12てん】

(1) 14＋2＝　(2) 3＋11＝

(3) 6＋12＝　(4) 15＋4＝

3つの　かずの　けいさん⑥

がくしゅうした日　　月　　日

なまえ

とくてん

／100てん

1145
解説→181ページ

❶ けいさんを　しましょう。

1つ3てん【48てん】

(1) $5+2+1=$　　(2) $9-4-2=$

(3) $3+3-5=$　　(4) $7-4+2=$

(5) $10-7-1=$　　(6) $4+2-3=$

(7) $8-6+3=$　　(8) $3+3+3=$

(9) $4+4-1=$　　(10) $4-3+7=$

(11) $1+6+3=$　　(12) $6-2-2=$

(13) $10-6+5=$　　(14) $2+3+2=$

(15) $9-2-1=$　　(16) $2+5-4=$

❷ けいさんを　しましょう。

1つ4てん【40てん】

(1) $4+6+3=$　　(2) $11-1-4=$

(3) $7+3-2=$　　(4) $19-9+2=$

(5) $5+5+9=$　　(6) $16-6-3=$

(7) $14-4+6=$　　(8) $1+9-5=$

(9) $18-8+5=$　　(10) $8+2-7=$

ひきざんを　しましょう。

スパイラルコーナー

1つ3てん【12てん】

(1) $13-3=$　　(2) $18-8=$

(3) $15-4=$　　(4) $17-2=$

\ もう１回チャレンジ!! /

3つの　かずの　けいさん⑥

がくしゅうした日　　月　　日

なまえ

とくてん

／100てん

1145
解説→181ページ

❶ けいさんを　しましょう。　1つ3てん【48てん】

(1) 5＋2＋1＝　(2) 9－4－2＝

(3) 3＋3－5＝　(4) 7－4＋2＝

(5) 10－7－1＝　(6) 4＋2－3＝

(7) 8－6＋3＝　(8) 3＋3＋3＝

(9) 4＋4－1＝　(10) 4－3＋7＝

(11) 1＋6＋3＝　(12) 6－2－2＝

(13) 10－6＋5＝　(14) 2＋3＋2＝

(15) 9－2－1＝　(16) 2＋5－4＝

❷ けいさんを　しましょう。　1つ4てん【40てん】

(1) 4＋6＋3＝　(2) 11－1－4＝

(3) 7＋3－2＝　(4) 19－9＋2＝

(5) 5＋5＋9＝　(6) 16－6－3＝

(7) 14－4＋6＝　(8) 1＋9－5＝

(9) 18－8＋5＝　(10) 8＋2－7＝

スパイラルコーナー

ひきざんを　しましょう。　1つ3てん【12てん】

(1) 13－3＝　(2) 18－8＝

(3) 15－4＝　(4) 17－2＝

まとめの　テスト⑩

もくひょうじかん 20ぷん

がくしゅうした日　　月　　日

なまえ

とくてん　　／100てん

1146
解説→182ページ

❶ けいさんを　しましょう。

1つ5てん【80てん】

(1) 8＋2＋3＝

(2) 4－3＋6＝

(3) 10－4－1＝

(4) 1＋3－3＝

(5) 11－1＋9＝

(6) 15－5－4＝

(7) 2＋8－7＝

(8) 4＋4＋1＝

(9) 7－6－1＝

(10) 2＋8－7＝

(11) 7＋3＋2＝

(12) 9－7＋3＝

(13) 9＋1－7＝

(14) 6＋4＋6＝

(15) 8－4＋3＝

(16) 17－7－9＝

❷ こうえんに　こどもが　4にん　いました。そのあと、6にん　きました。そして、7にん　かえりました。みんなで　なんにんに　なりましたか。

【ぜんぶできて10てん】

（しき）

こたえ　□　にん

❸ あめが　16こ　あります。おとうとに　6こ、いもうとに　4こ　わたすと、なんこ　のこりますか。

【ぜんぶできて10てん】

（しき）

こたえ　□　こ

まとめの　テスト⑩

がくしゅうした日　　月　　日

なまえ

とくてん　　／100てん

1146
解説→182ページ

❶ けいさんを　しましょう。　1つ5てん【80てん】

(1) $8+2+3=$　　(2) $4-3+6=$

(3) $10-4-1=$　　(4) $1+3-3=$

(5) $11-1+9=$　　(6) $15-5-4=$

(7) $2+8-7=$　　(8) $4+4+1=$

(9) $7-6-1=$　　(10) $2+8-7=$

(11) $7+3+2=$　　(12) $9-7+3=$

(13) $9+1-7=$　　(14) $6+4+6=$

(15) $8-4+3=$　　(16) $17-7-9=$

❷ こうえんに　こどもが　4にん　いました。そのあと、6にん　きました。そして、7にん　かえりました。みんなで　なんにんに　なりましたか。　【ぜんぶできて10てん】

(しき)

こたえ □ にん

❸ あめが　16こ　あります。おとうとに　6こ、いもうとに　4こ　わたすと、なんこ　のこりますか。　【ぜんぶできて10てん】

(しき)

こたえ □ こ

まとめの　テスト⑪

がくしゅうした日　　月　　日

なまえ

とくてん

／100てん

1147
解説→182ページ

1 けいさんを　しましょう。　1つ5てん【80てん】

(1) 5＋5＋5＝　　(2) 7－6＋9＝

(3) 17－7－8＝　　(4) 4＋6－7＝

(5) 6－4＋5＝　　(6) 6－3－3＝

(7) 2＋8－1＝　　(8) 9＋1＋6＝

(9) 12－2－8＝　　(10) 5＋4－3＝

(11) 1＋9＋4＝　　(12) 6－6＋8＝

(13) 7＋3－1＝　　(14) 8＋2＋7＝

(15) 18－8＋3＝　　(16) 19－9－3＝

2 たまごが　15こ　ありました。5こ　つかったので、6こ　かいました。たまごは　なんこ　ありますか。　【ぜんぶできて10てん】

(しき)

こたえ　□　こ

3 カード(かあど)を、あみさんは　7まい、えみさんは　3まい、なみさんは　2まい　もって　います。カードは　あわせて　なんまい　ありますか。　【ぜんぶできて10てん】

(しき)

こたえ　□　まい

\ もう1回チャレンジ!! /

47 まとめの テスト⑪

もくひょうじかん 20ぷん

がくしゅうした日　月　日

なまえ

とくてん　／100てん

1147
解説→182ページ

らくらくマルつけ

❶ けいさんを　しましょう。

1つ5てん【80てん】

(1) 5＋5＋5＝

(2) 7－6＋9＝

(3) 17－7－8＝

(4) 4＋6－7＝

(5) 6－4＋5＝

(6) 6－3－3＝

(7) 2＋8－1＝

(8) 9＋1＋6＝

(9) 12－2－8＝

(10) 5＋4－3＝

(11) 1＋9＋4＝

(12) 6－6＋8＝

(13) 7＋3－1＝

(14) 8＋2＋7＝

(15) 18－8＋3＝

(16) 19－9－3＝

❷ たまごが　15こ　ありました。5こ　つかったので、6こ　かいました。たまごは　なんこ　ありますか。

【ぜんぶできて10てん】

(しき)

こたえ　□　こ

❸ カード(かあど)を、あみさんは　7まい、えみさんは　3まい、なみさんは　2まい　もって　います。カードは　あわせて　なんまい　ありますか。

【ぜんぶできて10てん】

(しき)

こたえ　□　まい

パズル③

(ぱずる)

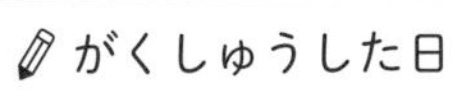

がくしゅうした日　月　日

なまえ

とくてん　／100てん

1148
解説→182ページ

1 (れい)のように、カード(かあど)に　かかれた　かずを　たしたり　ひいたり　しましょう。

(1つ10てん)

(れい)

2 →(+8)→ 10 →(−4)→ 6 →(−2)→ 4 →(+5)→ 9

2+8=10　10−4=6　6−2=4　4+5=9

(1) 1 →(+9)→ □ →(+2)→ □ →(+1)→ □ →(−2)→ □

(2) 8 →(−3)→ □ →(+5)→ □ →(−8)→ □ →(+4)→ □

(3) 6 →(+4)→ □ →(+7)→ □ →(−5)→ □ →(−2)→ □

(4) 10 →(−5)→ □ →(+3)→ □ →(+2)→ □ →(+4)→ □

(5) 16 →(−2)→ □ →(−4)→ □ →(−7)→ □ →(+5)→ □

(6) 12 →(+3)→ □ →(+2)→ □ →(−6)→ □ →(+5)→ □

(7) 13 →(−3)→ □ →(−6)→ □ →(+2)→ □ →(+3)→ □

(8) 8 →(+2)→ □ →(+3)→ □ →(−1)→ □ →(+5)→ □

(9) 9 →(−3)→ □ →(+4)→ □ →(+5)→ □ →(−4)→ □

(10) 18 →(−8)→ □ →(−6)→ □ →(+1)→ □ →(+5)→ □

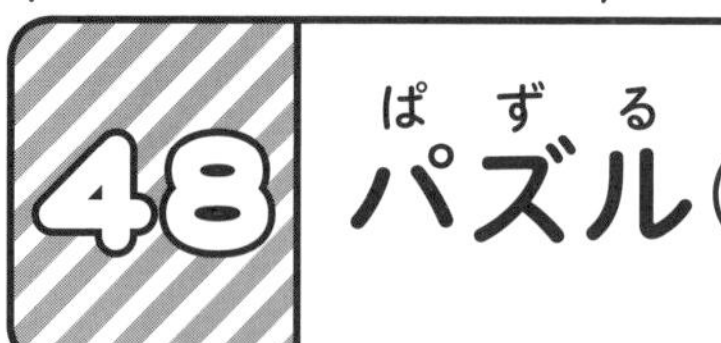

パズル③

（ぱずる）

もくひょうじかん 20ぷん

がくしゅうした日　月　日

なまえ

とくてん　／100てん

1148
解説→182ページ

❶ (れい)のように、カード（かあど）に　かかれた　かずを　たしたり　ひいたり　しましょう。

(れい)　（1つ10てん）

2 →(＋8) 10 →(−4) 6 →(−2) 4 →(＋5) 9

2＋8＝10　10−4＝6　6−2＝4　4＋5＝9

(1) 1 →(＋9) □ →(＋2) □ →(＋1) □ →(−2) □

(2) 8 →(−3) □ →(＋5) □ →(−8) □ →(＋4) □

(3) 6 →(＋4) □ →(＋7) □ →(−5) □ →(−2) □

(4) 10 →(−5) □ →(＋3) □ →(＋2) □ →(＋4) □

(5) 16 →(−2) □ →(−4) □ →(−7) □ →(＋5) □

(6) 12 →(＋3) □ →(＋2) □ →(−6) □ →(＋5) □

(7) 13 →(−3) □ →(−6) □ →(＋2) □ →(＋3) □

(8) 8 →(＋2) □ →(＋3) □ →(−1) □ →(＋5) □

(9) 9 →(−3) □ →(＋4) □ →(＋5) □ →(−4) □

(10) 18 →(−8) □ →(−6) □ →(＋1) □ →(＋5) □

たしざん⑤

もくひょうじかん 20ぷん

がくしゅうした日　月　日

なまえ

とくてん　／100てん

1149 解説→183ページ

1 8+5を　けいさんします。□に入る　かずを　かきましょう。【ぜんぶできて13てん】

① 8と □ で　10

② 5は　2と □

③ 8+5= □

2 たしざんを　しましょう。1つ5てん【75てん】

(1) 9+2=　　(2) 8+6=

(3) 7+4=　　(4) 9+7=

(5) 9+5=　　(6) 8+4=

(7) 8+3=　　(8) 9+3=

(9) 7+5=　　(10) 6+5=

(11) 9+4=　　(12) 9+8=

(13) 8+7=　　(14) 7+6=

(15) 9+6=

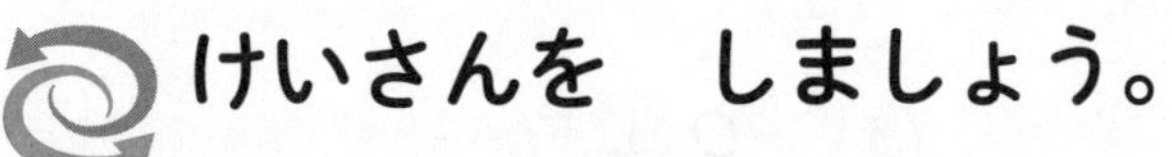

スパイラルコーナー

けいさんを　しましょう。1つ6てん【12てん】

(1) 8−4−3=

(2) 11−1−7=

たしざん⑤

がくしゅうした日　月　日

なまえ

とくてん

／100てん

1149
解説→183ページ

❶ 8+5を　けいさんします。□に 入(はい)る　かずを　かきましょう。【ぜんぶできて13てん】

① 8と □ で 10

② 5は 2と □

③ 8+5=□

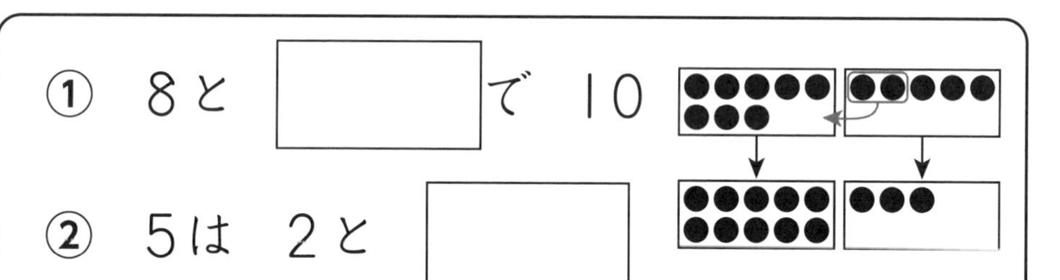

❷ たしざんを　しましょう。　1つ5てん【75てん】

(1) 9+2=

(2) 8+6=

(3) 7+4=

(4) 9+7=

(5) 9+5=

(6) 8+4=

(7) 8+3=

(8) 9+3=

(9) 7+5=

(10) 6+5=

(11) 9+4=

(12) 9+8=

(13) 8+7=

(14) 7+6=

(15) 9+6=

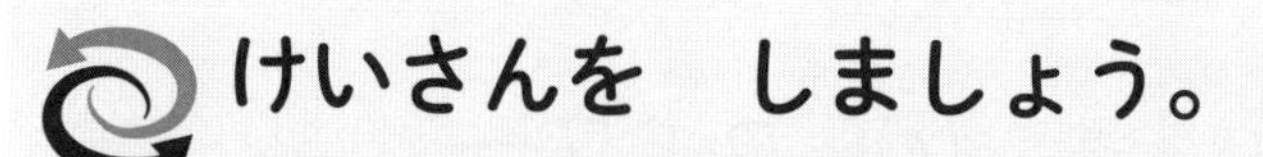

スパイラルコーナー　けいさんを　しましょう。　1つ6てん【12てん】

(1) 8−4−3=

(2) 11−1−7=

たしざん⑥

がくしゅうした日　月　日

なまえ

とくてん

／100てん

1150
解説→183ページ

1 4＋9を　けいさんします。□に入る　かずを　かきましょう。【ぜんぶできて13てん】

① 9と □ で 10

② 4は 1と □

③ 4＋9＝□

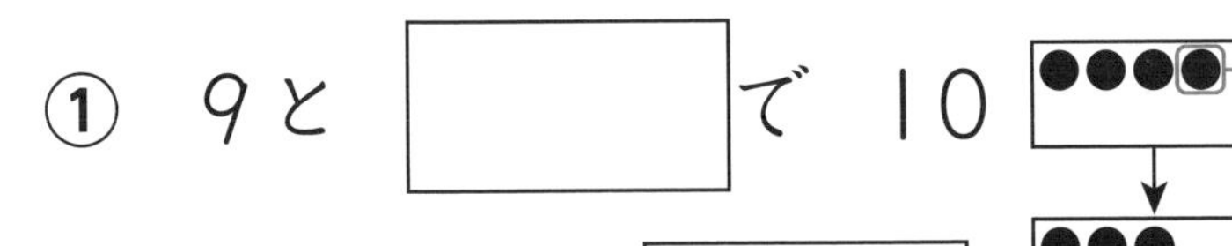

2 たしざんを　しましょう。 1つ5てん【75てん】

(1) 4＋7＝

(2) 5＋9＝

(3) 4＋8＝

(4) 2＋9＝

(5) 6＋8＝

(6) 5＋7＝

(7) 5＋6＝

(8) 3＋8＝

(9) 6＋9＝

(10) 7＋8＝

(11) 5＋8＝

(12) 6＋7＝

(13) 3＋9＝

(14) 7＋9＝

(15) 8＋9＝

けいさんを　しましょう。 1つ6てん【12てん】

(1) 7−1−3＝

(2) 17−7−5＝

たしざん⑥

がくしゅうした日　月　日

なまえ

とくてん　／100てん

❶ 4＋9を　けいさんします。□に入る　かずを　かきましょう。【ぜんぶできて13てん】

① 9と □ で 10

② 4は 1と □

③ $4+9=$ □

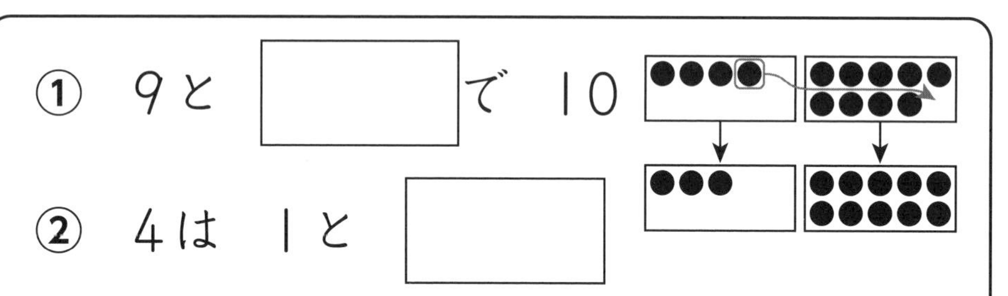

❷ たしざんを　しましょう。　1つ5てん【75てん】

(1) $4+7=$

(2) $5+9=$

(3) $4+8=$

(4) $2+9=$

(5) $6+8=$

(6) $5+7=$

(7) $5+6=$

(8) $3+8=$

(9) $6+9=$

(10) $7+8=$

(11) $5+8=$

(12) $6+7=$

(13) $3+9=$

(14) $7+9=$

(15) $8+9=$

スパイラルコーナー

けいさんを　しましょう。　1つ6てん【12てん】

(1) $7-1-3=$

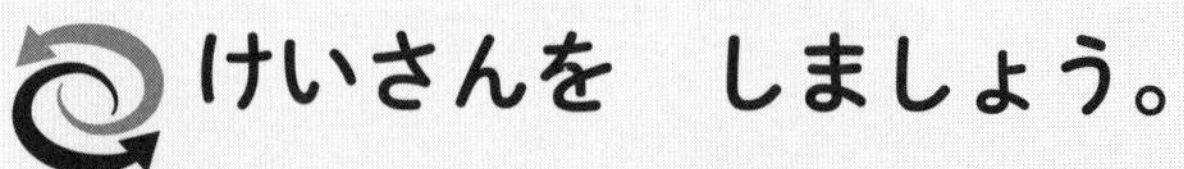

(2) $17-7-5=$

51 たしざん⑦

がくしゅうした日　　月　　日

なまえ

とくてん　　／100てん

1151
解説→183ページ

1 たしざんを　しましょう。

1つ4てん【64てん】

(1) $8+3=$　　(2) $6+8=$

(3) $8+4=$　　(4) $4+9=$

(5) $5+8=$　　(6) $7+4=$

(7) $6+9=$　　(8) $3+9=$

(9) $2+9=$　　(10) $8+7=$

(11) $9+4=$　　(12) $5+7=$

(13) $4+8=$　　(14) $6+5=$

(15) $7+7=$　　(16) $7+9=$

2 くりひろいで　さらさんは 9こ、なみさんは　6こ ひろいました。あわせて なんこ　ひろいましたか。

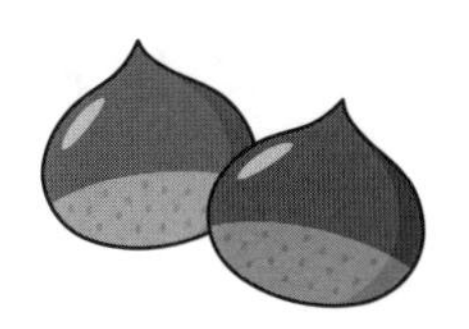

【ぜんぶできて18てん】

(しき)

こたえ　　　こ

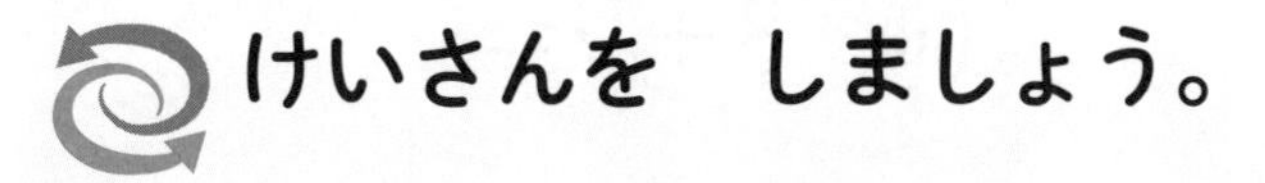

けいさんを　しましょう。

1つ6てん【18てん】

(1) $7-1+2=$

(2) $9-8+5=$

(3) $14-4+5=$

たしざん⑦

がくしゅうした日　　月　　日

なまえ

とくてん

／100てん

1151
解説→183ページ

❶ たしざんを　しましょう。

1つ4てん【64てん】

(1) $8+3=$

(2) $6+8=$

(3) $8+4=$

(4) $4+9=$

(5) $5+8=$

(6) $7+4=$

(7) $6+9=$

(8) $3+9=$

(9) $2+9=$

(10) $8+7=$

(11) $9+4=$

(12) $5+7=$

(13) $4+8=$

(14) $6+5=$

(15) $7+7=$

(16) $7+9=$

❷ くりひろいで　さらさんは 9こ、なみさんは　6こ ひろいました。あわせて なんこ　ひろいましたか。

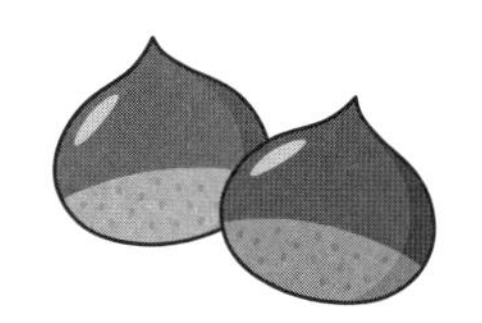

【ぜんぶできて18てん】

(しき)

こたえ　　　こ

けいさんを　しましょう。

1つ6てん【18てん】

(1) $7-1+2=$

(2) $9-8+5=$

(3) $14-4+5=$

52 たしざん⑧

がくしゅうした日　月　日

なまえ

とくてん　／100てん

1152
解説→184ページ

❶ たしざんを　しましょう。

1つ4てん【64てん】

(1) $5+6=$　　(2) $7+6=$

(3) $9+2=$　　(4) $9+7=$

(5) $6+6=$　　(6) $4+7=$

(7) $8+9=$　　(8) $9+5=$

(9) $7+5=$　　(10) $3+8=$

(11) $5+9=$　　(12) $9+3=$

(13) $7+8=$　　(14) $6+7=$

(15) $8+6=$　　(16) $9+9=$

❷ おとなと　子どもが　8人ずつ　います。ぜんぶで　なん人　いますか。

【ぜんぶできて18てん】

(しき)

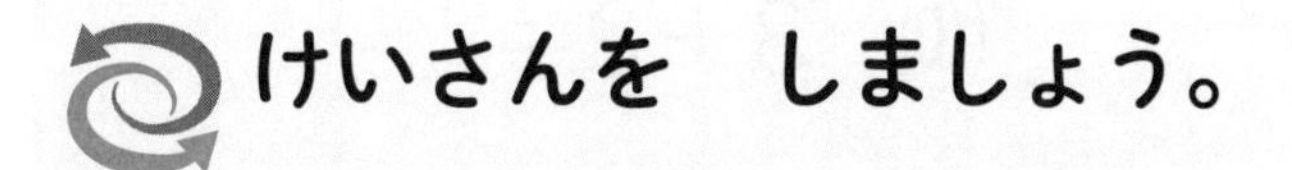

けいさんを　しましょう。

1つ6てん【18てん】

(1) $9-3+4=$

(2) $7-1+2=$

(3) $12-2+8=$

52 たしざん⑧

もくひょうじかん 20ぷん

がくしゅうした日　　月　　日

なまえ

とくてん　　／100てん

解説→184ページ

❶ たしざんを　しましょう。

1つ4てん【64てん】

(1) 5＋6＝　　(2) 7＋6＝

(3) 9＋2＝　　(4) 9＋7＝

(5) 6＋6＝　　(6) 4＋7＝

(7) 8＋9＝　　(8) 9＋5＝

(9) 7＋5＝　　(10) 3＋8＝

(11) 5＋9＝　　(12) 9＋3＝

(13) 7＋8＝　　(14) 6＋7＝

(15) 8＋6＝　　(16) 9＋9＝

❷ おとなと　子(こ)どもが　８人(にん)ずつ　います。ぜんぶで　なん人　いますか。

【ぜんぶできて18てん】

(しき)

こたえ □ 人

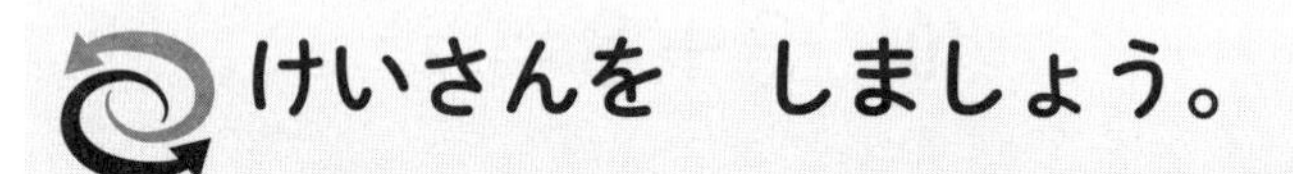

けいさんを　しましょう。

スパイラルコーナー

1つ6てん【18てん】

(1) 9－3＋4＝

(2) 7－1＋2＝

(3) 12－2＋8＝

たしざん⑨

がくしゅうした日　月　日

なまえ

とくてん

／100てん

1153
解説→184ページ

❶ たしざんを　しましょう。　1つ4てん【64てん】

(1) 9＋2＝　(2) 6＋5＝

(3) 7＋7＝　(4) 5＋7＝

(5) 3＋8＝　(6) 8＋6＝

(7) 6＋7＝　(8) 9＋3＝

(9) 5＋9＝　(10) 8＋7＝

(11) 9＋9＝　(12) 4＋7＝

(13) 6＋9＝　(14) 8＋8＝

(15) 4＋8＝　(16) 9＋4＝

❷ 本(ほん)が　5さつ、ノート(のおと)が　8さつ　あります。
あわせて　なんさつ　ありますか。

【ぜんぶできて18てん】

(しき)

こたえ　□　さつ

スパイラルコーナー

けいさんを　しましょう。　1つ6てん【18てん】

(1) 6＋3－4＝

(2) 7＋2－6＝

(3) 5＋5－9＝

53 たしざん⑨

がくしゅうした日　　月　　日

なまえ

とくてん

／100てん

解説→184ページ

❶ たしざんを　しましょう。

1つ4てん【64てん】

(1)　9＋2＝　　　(2)　6＋5＝

(3)　7＋7＝　　　(4)　5＋7＝

(5)　3＋8＝　　　(6)　8＋6＝

(7)　6＋7＝　　　(8)　9＋3＝

(9)　5＋9＝　　　(10)　8＋7＝

(11)　9＋9＝　　　(12)　4＋7＝

(13)　6＋9＝　　　(14)　8＋8＝

(15)　4＋8＝　　　(16)　9＋4＝

❷ 本(ほん)が　５さつ、ノート(のおと)が　８さつ　あります。あわせて　なんさつ　ありますか。

【ぜんぶできて18てん】

(しき)

こたえ　□　さつ

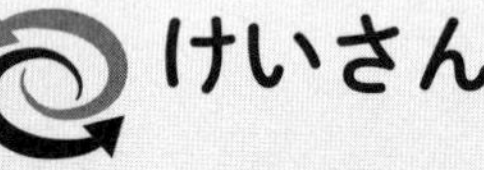

けいさんを　しましょう。

1つ6てん【18てん】

(1)　6＋3－4＝

(2)　7＋2－6＝

(3)　5＋5－9＝

たしざん⑩

がくしゅうした日　月　日

なまえ

とくてん　／100てん

1154
解説→184ページ

らくらくマルつけ

❶ たしざんを　しましょう。　1つ4てん【64てん】

(1) 7＋6＝　(2) 3＋9＝

(3) 7＋4＝　(4) 6＋8＝

(5) 9＋6＝　(6) 5＋6＝

(7) 8＋3＝　(8) 4＋9＝

(9) 2＋9＝　(10) 7＋5＝

(11) 7＋9＝　(12) 9＋8＝

(13) 6＋6＝　(14) 8＋5＝

(15) 9＋5＝　(16) 7＋8＝

❷ いけに　赤(あか)い　こいが
9ひき、くろい　こいが
7ひき　います。ぜんぶで
なんびき　いますか。

【ぜんぶできて18てん】

(しき)

こたえ　□ぴき

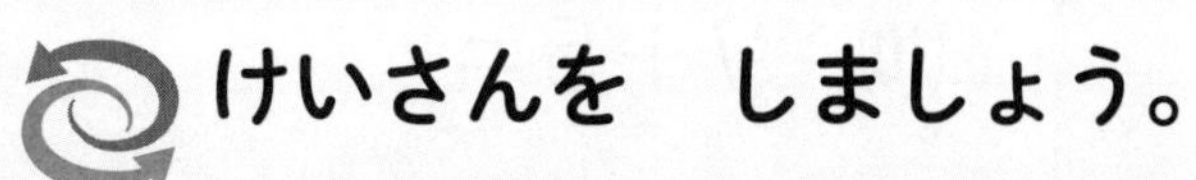

スパイラルコーナー

けいさんを　しましょう。　1つ6てん【18てん】

(1) 5＋4－8＝

(2) 3＋3－2＝

(3) 1＋9－4＝

54 たしざん⑩

もくひょうじかん 20ぷん

がくしゅうした日　月　日

なまえ

とくてん　／100てん

らくらくマルつけ

1154

解説→184ページ

❶ たしざんを　しましょう。 1つ4てん【64てん】

(1) $7+6=$　　(2) $3+9=$

(3) $7+4=$　　(4) $6+8=$

(5) $9+6=$　　(6) $5+6=$

(7) $8+3=$　　(8) $4+9=$

(9) $2+9=$　　(10) $7+5=$

(11) $7+9=$　　(12) $9+8=$

(13) $6+6=$　　(14) $8+5=$

(15) $9+5=$　　(16) $7+8=$

❷ いけに　赤(あか)い　こいが
9ひき、くろい　こいが
7ひき　います。ぜんぶで
なんびき　いますか。 【ぜんぶできて18てん】

(しき)

こたえ □ ぴき

スパイラルコーナー

けいさんを　しましょう。 1つ6てん【18てん】

(1) $5+4-8=$

(2) $3+3-2=$

(3) $1+9-4=$

まとめの　テスト⑫

もくひょうじかん 20ぷん

がくしゅうした日　　月　　日

なまえ

とくてん　　／100てん

1155 解説→185ページ

らくらくマルつけ

❶ たしざんを　しましょう。　1つ4てん【64てん】

(1) 7＋6＝　　(2) 6＋8＝

(3) 8＋7＝　　(4) 2＋9＝

(5) 4＋8＝　　(6) 9＋5＝

(7) 7＋9＝　　(8) 8＋3＝

(9) 8＋6＝　　(10) 5＋8＝

(11) 8＋4＝　　(12) 9＋8＝

(13) 4＋7＝　　(14) 3＋9＝

(15) 9＋3＝　　(16) 9＋6＝

❷ 赤(あか)い　車(くるま)が　6だい、青(あお)い　車が　5だい　とまって　います。あわせて　なんだい　とまって　いますか。【ぜんぶできて18てん】

(しき)

こたえ　□　だい

❸ かぶとむしの　おすが　7ひき、めすが　8ひき　います。ぜんぶで　なんびき　いますか。【ぜんぶできて18てん】

(しき)

こたえ　□　ひき

＼もう１回チャレンジ!! ／

55 まとめの テスト⑫

もくひょうじかん 20ぷん

がくしゅうした日　月　日

なまえ

とくてん　／100てん

1155
解説→185ページ

1 たしざんを　しましょう。　1つ4てん【64てん】

(1) $7+6=$　(2) $6+8=$

(3) $8+7=$　(4) $2+9=$

(5) $4+8=$　(6) $9+5=$

(7) $7+9=$　(8) $8+3=$

(9) $8+6=$　(10) $5+8=$

(11) $8+4=$　(12) $9+8=$

(13) $4+7=$　(14) $3+9=$

(15) $9+3=$　(16) $9+6=$

2 赤(あか)い　車(くるま)が　６だい、青(あお)い　車が　５だい　とまって　います。あわせて　なんだい　とまって　いますか。　【ぜんぶできて18てん】

(しき)

こたえ □ だい

3 かぶとむしの　おすが　７ひき、めすが　８ひき　います。ぜんぶで　なんびき　いますか。　【ぜんぶできて18てん】

(しき)

こたえ □ ひき

56 まとめの テスト⑬

もくひょうじかん 20ぷん

がくしゅうした日　月　日
なまえ
とくてん　／100てん

らくらくマルつけ
1156
解説→185ページ

1 たしざんを しましょう。　1つ4てん【64てん】

(1) 5＋7＝　(2) 8＋8＝

(3) 6＋6＝　(4) 5＋6＝

(5) 3＋8＝　(6) 5＋9＝

(7) 7＋5＝　(8) 6＋7＝

(9) 4＋9＝　(10) 7＋4＝

(11) 6＋9＝　(12) 9＋7＝

(13) 8＋5＝　(14) 7＋7＝

(15) 9＋2＝　(16) 9＋9＝

2 玉入れ(たまい)の 赤(あか)い 玉が 8こ、白(しろ)い 玉が 9こ あります。あわせて なんこ ありますか。　【ぜんぶできて18てん】

(しき)

こたえ □ こ

3 モモ(もも)の ゼリー(ぜりい)が 9こ、ミカン(みかん)の ゼリーが 4こ あります。ゼリーは ぜんぶで なんこ ありますか。　【ぜんぶできて18てん】

(しき)

こたえ □ こ

＼もう１回チャレンジ!!／

56 まとめの テスト⑬

もくひょうじかん 20ぷん

がくしゅうした日　月　日

なまえ

とくてん　／100てん

1156
解説→185ページ

1 たしざんを しましょう。 1つ4てん【64てん】

(1) 5＋7＝

(2) 8＋8＝

(3) 6＋6＝

(4) 5＋6＝

(5) 3＋8＝

(6) 5＋9＝

(7) 7＋5＝

(8) 6＋7＝

(9) 4＋9＝

(10) 7＋4＝

(11) 6＋9＝

(12) 9＋7＝

(13) 8＋5＝

(14) 7＋7＝

(15) 9＋2＝

(16) 9＋9＝

2 玉入れ(たまい)の 赤(あか)い 玉が 8こ、白(しろ)い 玉が 9こ あります。あわせて なんこ ありますか。 【ぜんぶできて18てん】

(しき)

こたえ □ こ

3 モモ(もも)の ゼリー(ぜりい)が 9こ、ミカン(みかん)の ゼリーが 4こ あります。ゼリーは ぜんぶで なんこ ありますか。 【ぜんぶできて18てん】

(しき)

こたえ □ こ

ひきざん⑤

がくしゅうした日　月　日

なまえ

とくてん

／100てん

1157
解説→185ページ

らくらくマルつけ

1 12−7を　けいさんします。□に　入(はい)る　かずを　かきましょう。【ぜんぶできて12てん】

① 12は　10と □

② 10は　7と □

③ 12−7= □

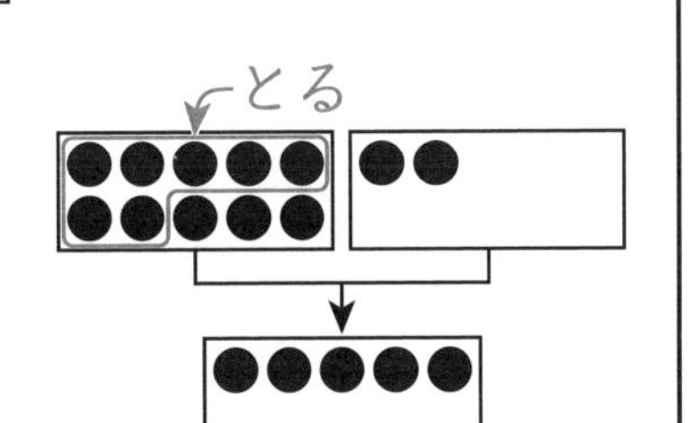

2 ひきざんを　しましょう。1つ5てん【70てん】

(1) 14−8=　(2) 12−5=

(3) 11−7=　(4) 12−4=

(5) 13−8=　(6) 15−9=

(7) 13−5=　(8) 15−6=

(9) 16−8=　(10) 12−6=

(11) 11−8=　(12) 17−8=

(13) 14−7=　(14) 13−9=

スパイラルコーナー　たしざんを　しましょう。1つ3てん【18てん】

(1) 2+9=　(2) 5+7=

(3) 6+8=　(4) 9+4=

(5) 7+7=　(6) 8+7=

ひきざん⑤

がくしゅうした日　　月　　日

なまえ

とくてん　　／100てん

❶ 12－7を　けいさんします。□に　入(はい)る　かずを　かきましょう。　【ぜんぶできて12てん】

① 12は　10と □

② 10は　7と □

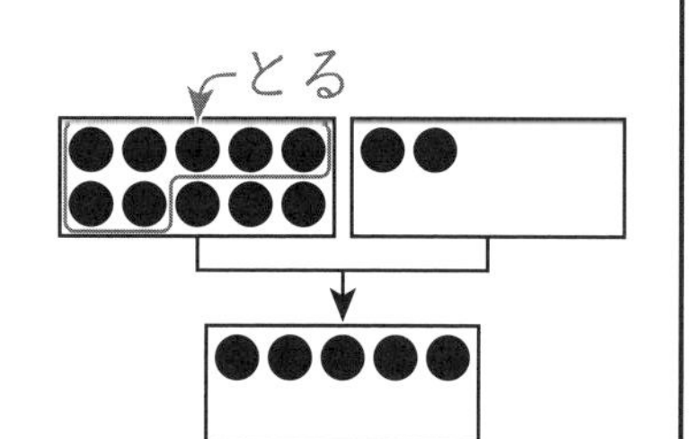

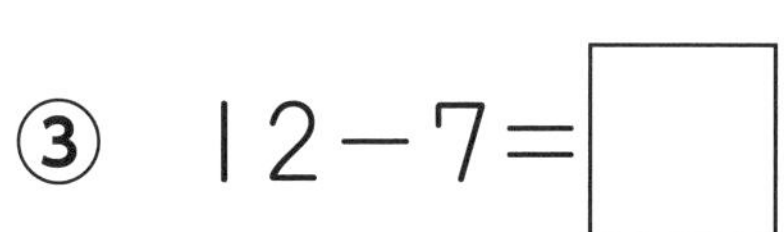
③ 12－7＝□

❷ ひきざんを　しましょう。　1つ5てん【70てん】

(1) 14－8＝　　(2) 12－5＝

(3) 11－7＝　　(4) 12－4＝

(5) 13－8＝　　(6) 15－9＝

(7) 13－5＝　　(8) 15－6＝

(9) 16－8＝　　(10) 12－6＝

(11) 11－8＝　　(12) 17－8＝

(13) 14－7＝　　(14) 13－9＝

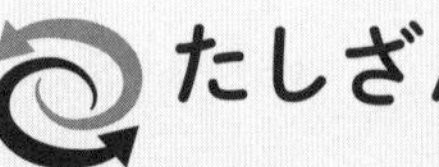

たしざんを　しましょう。　1つ3てん【18てん】

(1) 2＋9＝　　(2) 5＋7＝

(3) 6＋8＝　　(4) 9＋4＝

(5) 7＋7＝　　(6) 8＋7＝

58 ひきざん⑥

がくしゅうした日　　月　　日

なまえ

とくてん　　／100てん

解説→186ページ

1 14−6を　けいさんします。□に　入(はい)る　かずを　かきましょう。【ぜんぶできて12てん】

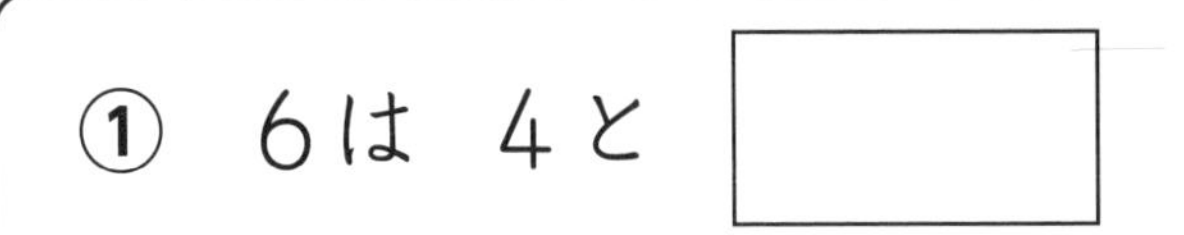
① 6は　4と □

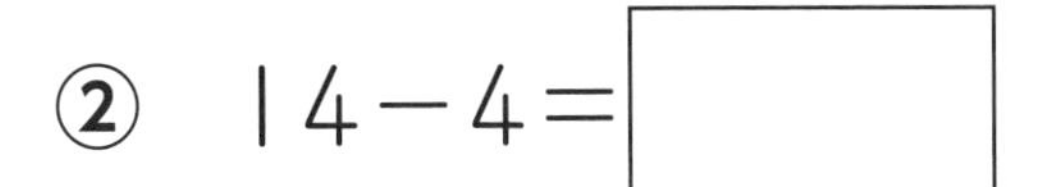
② 14−4＝□

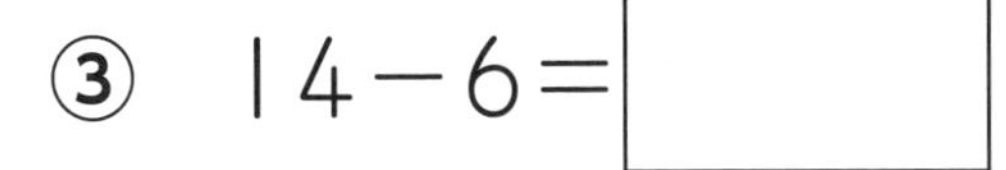
③ 14−6＝□

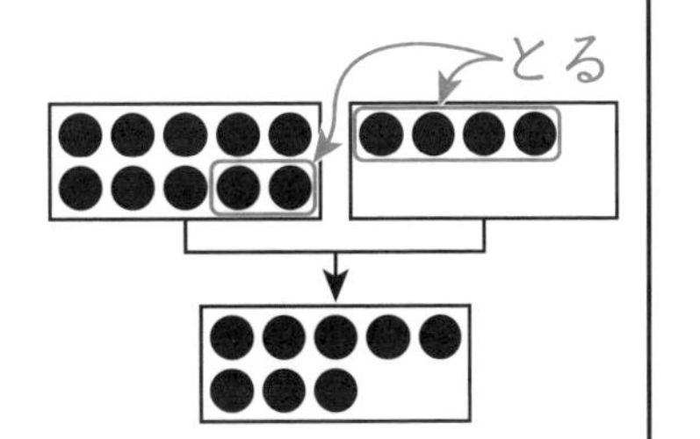

2 ひきざんを　しましょう。　1つ5てん【70てん】

(1) 15−8＝　　(2) 14−9＝

(3) 11−6＝　　(4) 14−5＝

(5) 17−9＝　　(6) 11−3＝

(7) 12−4＝　　(8) 15−7＝

(9) 16−9＝　　(10) 13−7＝

(11) 12−8＝　　(12) 11−9＝

(13) 11−5＝　　(14) 18−9＝

スパイラルコーナー　たしざんを　しましょう。　1つ3てん【18てん】

(1) 8＋6＝　　(2) 5＋6＝

(3) 6＋7＝　　(4) 7＋8＝

(5) 3＋8＝　　(6) 9＋5＝

ひきざん⑥

がくしゅうした日　月　日

なまえ

とくてん

／100てん

1158
解説→186ページ

らくらくマルつけ

❶ 14－6を　けいさんします。□に 入(はい)る　かずを　かきましょう。【ぜんぶできて12てん】

① 6は　4と □

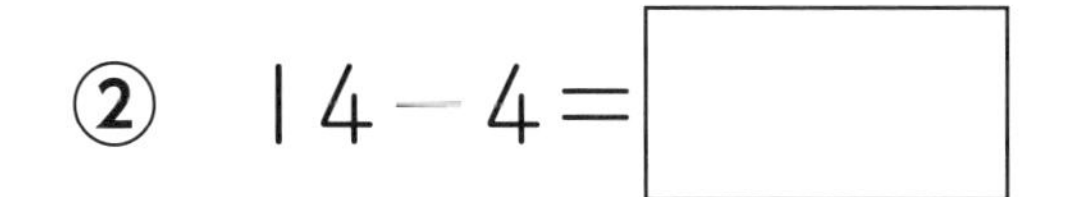

② 14－4＝□

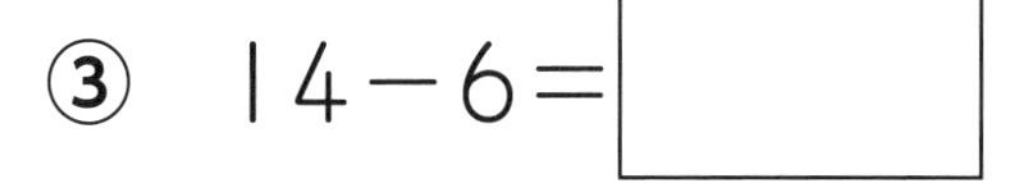

③ 14－6＝□

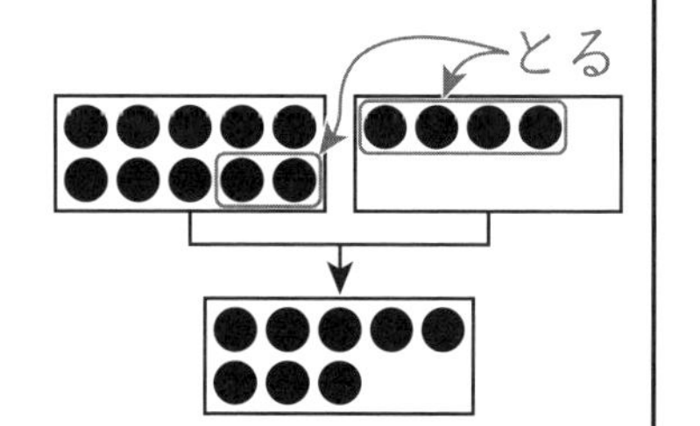

❷ ひきざんを　しましょう。1つ5てん【70てん】

(1) 15－8＝　　(2) 14－9＝

(3) 11－6＝　　(4) 14－5＝

(5) 17－9＝　　(6) 11－3＝

(7) 12－4＝　　(8) 15－7＝

(9) 16－9＝　　(10) 13－7＝

(11) 12－8＝　　(12) 11－9＝

(13) 11－5＝　　(14) 18－9＝

たしざんを　しましょう。1つ3てん【18てん】

(1) 8＋6＝　　(2) 5＋6＝

(3) 6＋7＝　　(4) 7＋8＝

(5) 3＋8＝　　(6) 9＋5＝

59 ひきざん⑦

がくしゅうした日　　月　　日

なまえ

とくてん　　／100てん

1 ひきざんを　しましょう。　1つ4てん【64てん】

(1) 12－3＝　　(2) 14－6＝

(3) 13－7＝　　(4) 11－6＝

(5) 16－9＝　　(6) 15－7＝

(7) 11－2＝　　(8) 12－5＝

(9) 11－7＝　　(10) 14－7＝

(11) 12－7＝　　(12) 13－5＝

(13) 15－6＝　　(14) 11－3＝

(15) 13－8＝　　(16) 12－9＝

2 えんぴつが　17本(ほん)　ありま す。いもうとに　9本　あげ ると、えんぴつは　なん本(ぼん) のこりますか。

【ぜんぶできて18てん】

(しき)

こたえ　□本(ぽん)

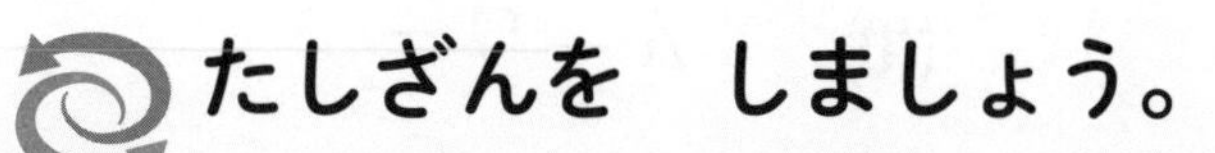

スパイラルコーナー　たしざんを　しましょう。　1つ3てん【18てん】

(1) 9＋6＝　　(2) 3＋9＝

(3) 5＋8＝　　(4) 8＋8＝

(5) 8＋3＝　　(6) 6＋9＝

ひきざん⑦

がくしゅうした日　月　日

なまえ

とくてん

／100てん

1159
解説→186ページ

❶ ひきざんを　しましょう。

1つ4てん【64てん】

(1) 12－3＝　(2) 14－6＝

(3) 13－7＝　(4) 11－6＝

(5) 16－9＝　(6) 15－7＝

(7) 11－2＝　(8) 12－5＝

(9) 11－7＝　(10) 14－7＝

(11) 12－7＝　(12) 13－5＝

(13) 15－6＝　(14) 11－3＝

(15) 13－8＝　(16) 12－9＝

❷ えんぴつが　17本（ほん）　あります。いもうとに　9本　あげると、えんぴつは　なん本（ぼん）　のこりますか。

【ぜんぶできて18てん】

(しき)

こたえ　□本（ぽん）

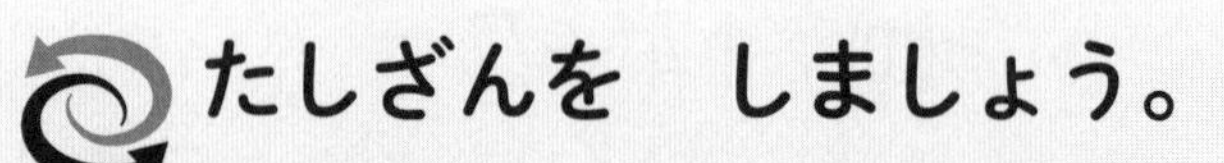

スパイラルコーナー

たしざんを　しましょう。

1つ3てん【18てん】

(1) 9＋6＝　(2) 3＋9＝

(3) 5＋8＝　(4) 8＋8＝

(5) 8＋3＝　(6) 6＋9＝

ひきざん⑧

がくしゅうした日　　月　　日

なまえ

とくてん　　／100てん

1160
解説→186ページ

❶ ひきざんを　しましょう。 1つ4てん【64てん】

(1) $13-4=$　　(2) $12-6=$

(3) $11-4=$　　(4) $14-9=$

(5) $11-8=$　　(6) $16-8=$

(7) $14-5=$　　(8) $13-7=$

(9) $12-4=$　　(10) $13-9=$

(11) $18-9=$　　(12) $11-5=$

(13) $14-8=$　　(14) $12-8=$

(15) $11-9=$　　(16) $15-9=$

❷ えはがきが　15まい　あります。そのうち　8まい　つかいました。のこって　いるのは　なんまいですか。 【ぜんぶできて18てん】

(しき)

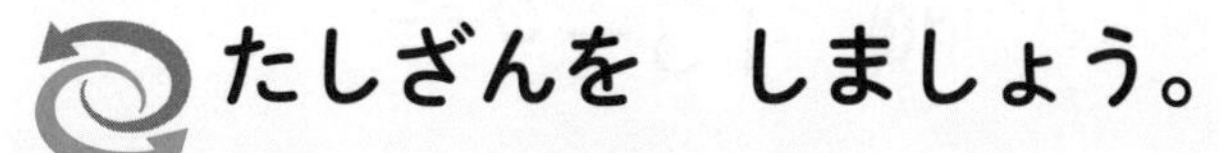

スパイラルコーナー

たしざんを　しましょう。 1つ3てん【18てん】

(1) $7+5=$　　(2) $9+7=$

(3) $8+4=$　　(4) $5+9=$

(5) $4+7=$　　(6) $8+9=$

＼もう１回チャレンジ!! ／

ひきざん⑧

がくしゅうした日　　月　　日

なまえ

とくてん　　／100てん

❶ ひきざんを　しましょう。 1つ4てん【64てん】

(1) 13－4＝　　(2) 12－6＝

(3) 11－4＝　　(4) 14－9＝

(5) 11－8＝　　(6) 16－8＝

(7) 14－5＝　　(8) 13－7＝

(9) 12－4＝　　(10) 13－9＝

(11) 18－9＝　　(12) 11－5＝

(13) 14－8＝　　(14) 12－8＝

(15) 11－9＝　　(16) 15－9＝

❷ えはがきが　15まい　あります。そのうち　8まい　つかいました。のこって　いるのは　なんまいですか。 【ぜんぶできて18てん】

(しき)

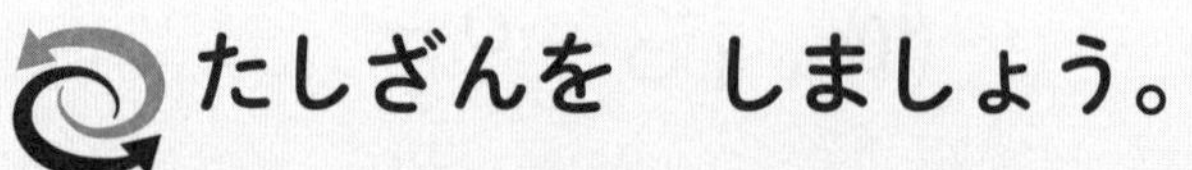

たしざんを　しましょう。 1つ3てん【18てん】

(1) 7＋5＝　　(2) 9＋7＝

(3) 8＋4＝　　(4) 5＋9＝

(5) 4＋7＝　　(6) 8＋9＝

61 ひきざん⑨

がくしゅうした日　　月　　日

なまえ

とくてん　　／100てん

1 ひきざんを　しましょう。　1つ4てん【64てん】

(1) $12-7=$　　(2) $11-9=$

(3) $13-4=$　　(4) $14-6=$

(5) $11-4=$　　(6) $13-8=$

(7) $16-7=$　　(8) $12-4=$

(9) $11-6=$　　(10) $15-6=$

(11) $13-6=$　　(12) $11-3=$

(13) $12-3=$　　(14) $14-9=$

(15) $17-9=$　　(16) $12-8=$

2 玉入れで、1くみは　8こ、2くみは　14こ　入りました。2くみの　ほうが　なんこ　おおく　入りましたか。【ぜんぶできて18てん】

（しき）

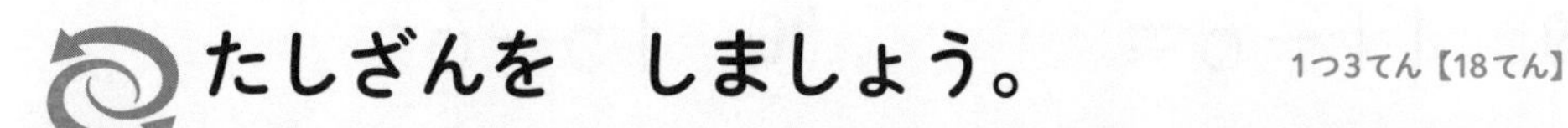

(1) $4+8=$　　(2) $7+4=$

(3) $9+2=$　　(4) $9+8=$

(5) $6+6=$　　(6) $7+9=$

ひきざん⑨

がくしゅうした日　　月　　日

なまえ

とくてん

／100てん

1161
解説→187ページ

❶ ひきざんを　しましょう。 1つ4てん【64てん】

(1) 12−7＝　　(2) 11−9＝

(3) 13−4＝　　(4) 14−6＝

(5) 11−4＝　　(6) 13−8＝

(7) 16−7＝　　(8) 12−4＝

(9) 11−6＝　　(10) 15−6＝

(11) 13−6＝　　(12) 11−3＝

(13) 12−3＝　　(14) 14−9＝

(15) 17−9＝　　(16) 12−8＝

❷ 玉入れで、１くみは　８こ、２くみは　14こ　入りました。２くみの　ほうが　なんこ　おおく　入りましたか。 【ぜんぶできて18てん】

(しき)

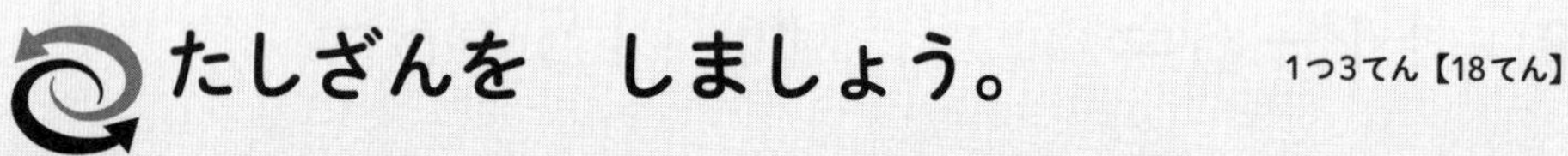

たしざんを　しましょう。 1つ3てん【18てん】

(1) 4＋8＝　　(2) 7＋4＝

(3) 9＋2＝　　(4) 9＋8＝

(5) 6＋6＝　　(6) 7＋9＝

ひきざん⑩

がくしゅうした日　月　日

なまえ

とくてん

／100てん

1162
解説→187ページ

1 ひきざんを　しましょう。　1つ4てん【64てん】

(1) 13−7＝　(2) 12−9＝

(3) 12−5＝　(4) 13−5＝

(5) 11−2＝　(6) 11−8＝

(7) 15−7＝　(8) 11−5＝

(9) 14−5＝　(10) 14−7＝

(11) 11−7＝　(12) 17−8＝

(13) 15−8＝　(14) 12−6＝

(15) 15−9＝　(16) 18−9＝

2 ジュース（じゅうす）を　16本（ぽん）　かいました。なん人（にん）かに　くばって、いま　のこって　いるのは　9本（ほん）です。ジュースを　なん本（ぼん）　くばりましたか。　【ぜんぶできて18てん】

（しき）

たしざんを　しましょう。　1つ3てん【18てん】

(1) 8＋5＝　(2) 6＋5＝

(3) 4＋9＝　(4) 9＋9＝

(5) 9＋3＝　(6) 7＋6＝

\ もう１回チャレンジ!! /

ひきざん⑩

がくしゅうした日　　月　　日

なまえ

とくてん

／100てん

1162
解説→187ページ

❶ ひきざんを　しましょう。　1つ4てん【64てん】

(1) 13−7＝　　(2) 12−9＝

(3) 12−5＝　　(4) 13−5＝

(5) 11−2＝　　(6) 11−8＝

(7) 15−7＝　　(8) 11−5＝

(9) 14−5＝　　(10) 14−7＝

(11) 11−7＝　　(12) 17−8＝

(13) 15−8＝　　(14) 12−6＝

(15) 15−9＝　　(16) 18−9＝

❷ ジュース（じゅうす）を　16本（ぽん）　かいました。なん人（にん）かに　くばって、いま　のこって　いるのは　9本（ほん）です。ジュースを　なん本（ぼん）　くばりましたか。　【ぜんぶできて18てん】

(しき)

スパイラルコーナー

たしざんを　しましょう。　1つ3てん【18てん】

(1) 8＋5＝　　(2) 6＋5＝

(3) 4＋9＝　　(4) 9＋9＝

(5) 9＋3＝　　(6) 7＋6＝

まとめの テスト⑭

もくひょうじかん 20ぷん

がくしゅうした日　月　日

なまえ

とくてん　／100てん

1163 解説→187ページ

❶ ひきざんを しましょう。 1つ4てん【64てん】

(1) 13－6＝　　(2) 17－8＝

(3) 11－8＝　　(4) 15－9＝

(5) 14－5＝　　(6) 11－6＝

(7) 12－8＝　　(8) 16－7＝

(9) 18－9＝　　(10) 12－6＝

(11) 13－8＝　　(12) 17－9＝

(13) 11－2＝　　(14) 12－9＝

(15) 15－7＝　　(16) 14－8＝

❷ かきが 木(き)に 11こ なって います。7こ とると、なんこ のこりますか。

【ぜんぶできて18てん】

(しき)

こたえ □ こ

❸ きょうしつに 12人(にん) います。そのうち 5人 かえりました。のこって いるのは なん人ですか。

【ぜんぶできて18てん】

(しき)

こたえ □ 人

＼もう１回チャレンジ!! ／

63 まとめの テスト⑭

がくしゅうした日　　月　　日

なまえ

とくてん　　／100てん

解説→187ページ

❶ ひきざんを　しましょう。　1つ4てん【64てん】

(1) 13−6＝　　(2) 17−8＝

(3) 11−8＝　　(4) 15−9＝

(5) 14−5＝　　(6) 11−6＝

(7) 12−8＝　　(8) 16−7＝

(9) 18−9＝　　(10) 12−6＝

(11) 13−8＝　　(12) 17−9＝

(13) 11−2＝　　(14) 12−9＝

(15) 15−7＝　　(16) 14−8＝

❷ かきが　木に　11こ　なって　います。7こ　とると、なんこ　のこりますか。

【ぜんぶできて18てん】

（しき）

こたえ □ こ

❸ きょうしつに　12人　います。そのうち5人　かえりました。のこって　いるのはなん人ですか。

【ぜんぶできて18てん】

（しき）

こたえ □ 人

まとめの　テスト⑮

がくしゅうした日　　月　　日

なまえ

とくてん　　／100てん

❶ ひきざんを　しましょう。　1つ4てん【64てん】

(1) 12－4＝　　(2) 11－5＝

(3) 15－8＝　　(4) 13－9＝

(5) 11－3＝　　(6) 12－7＝

(7) 14－7＝　　(8) 16－8＝

(9) 13－5＝　　(10) 12－3＝

(11) 15－6＝　　(12) 11－4＝

(13) 11－9＝　　(14) 14－6＝

(15) 13－7＝　　(16) 16－9＝

❷ はがきが　9まい、きってが　14まい　あります。きっての　ほうが　なんまい　おおいですか。　【ぜんぶできて18てん】

（しき）

こたえ □ まい

❸ ミカン（みかん）が　13こ　あります。4こ　たべると、のこりは　なんこですか。　【ぜんぶできて18てん】

（しき）

こたえ □ こ

64 まとめの　テスト⑮

もくひょうじかん 20ぷん

がくしゅうした日　　月　　日

なまえ

とくてん　　／100てん

1164
解説→187ページ

1 ひきざんを　しましょう。　1つ4てん【64てん】

(1) 12－4＝　　(2) 11－5＝

(3) 15－8＝　　(4) 13－9＝

(5) 11－3＝　　(6) 12－7＝

(7) 14－7＝　　(8) 16－8＝

(9) 13－5＝　　(10) 12－3＝

(11) 15－6＝　　(12) 11－4＝

(13) 11－9＝　　(14) 14－6＝

(15) 13－7＝　　(16) 16－9＝

2 はがきが　9まい、きってが　14まい　あります。きっての　ほうが　なんまい　おおいですか。　【ぜんぶできて18てん】

(しき)

こたえ □ まい

3 ミカン(みかん)が　13こ　あります。4こ　たべると、のこりは　なんこですか。　【ぜんぶできて18てん】

(しき)

こたえ □ こ

たしざんと　ひきざん③

がくしゅうした日　月　日

なまえ

とくてん　／100てん

1 けいさんを　しましょう。　1つ4てん【64てん】

(1) 3＋8＝　(2) 11－2＝

(3) 12－6＝　(4) 5＋8＝

(5) 4＋7＝　(6) 6＋9＝

(7) 14－5＝　(8) 12－4＝

(9) 6＋7＝　(10) 13－9＝

(11) 4＋8＝　(12) 16－7＝

(13) 15－8＝　(14) 5＋9＝

(15) 11－4＝　(16) 8＋8＝

2 きんぎょすくいで、かなさんは　9ひき、ひなさんは　15ひき　すくいました。ひなさんの　ほうが　なんびき　おおく　すくいましたか。【ぜんぶできて18てん】

(しき)

こたえ　□　ぴき

スパイラルコーナー

いろがみで　つるを　7わ　おりました。あと　5わ　おると、ぜんぶで　なんわに　なりますか。【ぜんぶできて18てん】

(しき)

こたえ　□　わ

65 たしざんと　ひきざん③

がくしゅうした日　月　日

なまえ

とくてん　／100てん

1165
解説→188ページ

❶ けいさんを　しましょう。

1つ4てん【64てん】

(1) 3＋8＝

(2) 11－2＝

(3) 12－6＝

(4) 5＋8＝

(5) 4＋7＝

(6) 6＋9＝

(7) 14－5＝

(8) 12－4＝

(9) 6＋7＝

(10) 13－9＝

(11) 4＋8＝

(12) 16－7＝

(13) 15－8＝

(14) 5＋9＝

(15) 11－4＝

(16) 8＋8＝

❷ きんぎょすくいで、かなさんは　9ひき、ひなさんは　15ひき　すくいました。ひなさんの　ほうが　なんびき　おおく　すくいましたか。

【ぜんぶできて18てん】

(しき)

こたえ □ ぴき

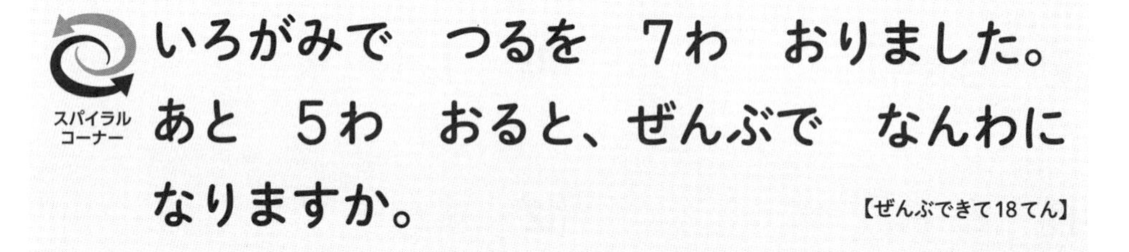

スパイラルコーナー

いろがみで　つるを　7わ　おりました。あと　5わ　おると、ぜんぶで　なんわに　なりますか。

【ぜんぶできて18てん】

(しき)

こたえ □ わ

たしざんと　ひきざん④

がくしゅうした日　　月　　日

なまえ

とくてん

／100てん

1166
解説→188ページ

❶ けいさんを　しましょう。　1つ4てん【64てん】

(1) 4＋9＝　　(2) 5＋6＝

(3) 17－8＝　　(4) 11－5＝

(5) 7＋4＝　　(6) 12－7＝

(7) 18－9＝　　(8) 8＋4＝

(9) 11－3＝　　(10) 12－5＝

(11) 6＋6＝　　(12) 6＋8＝

(13) 13－8＝　　(14) 2＋9＝

(15) 5＋7＝　　(16) 16－9＝

❷ ペットボトル（ぺっとぼとる）の　ジュース（じゅうす）を　8本（ぽん）、おちゃを　6本（ぽん）　かいます。ぜんぶで　なん本（ぼん）　かいますか。　【ぜんぶできて18てん】

(しき)

こたえ　□　本

スパイラルコーナー

おはじきを　13こ　もって　います。いもうとに 7こ　あげました。のこりは　なんこに　なりましたか。　【ぜんぶできて18てん】

(しき)

こたえ　□　こ

＼もう1回チャレンジ!! ／

たしざんと　ひきざん④

がくしゅうした日　月　日
なまえ
とくてん　／100てん

1166
解説→188ページ

❶ けいさんを　しましょう。　1つ4てん【64てん】

(1) 4＋9＝

(2) 5＋6＝

(3) 17－8＝

(4) 11－5＝

(5) 7＋4＝

(6) 12－7＝

(7) 18－9＝

(8) 8＋4＝

(9) 11－3＝

(10) 12－5＝

(11) 6＋6＝

(12) 6＋8＝

(13) 13－8＝

(14) 2＋9＝

(15) 5＋7＝

(16) 16－9＝

❷ ペットボトル(ぺっとぼとる)の　ジュース(じゅうす)を　8本(ぽん)、おちゃを　6本(ぽん)　かいます。ぜんぶで　なん本(ぼん)　かいますか。　【ぜんぶできて18てん】

(しき)

こたえ　□　本

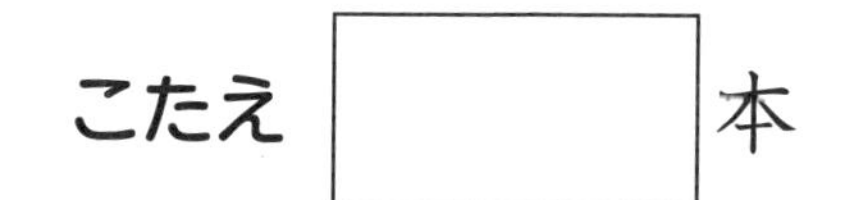

スパイラルコーナー

おはじきを　13こ　もって　います。いもうとに　7こ　あげました。のこりは　なんこに　なりましたか。　【ぜんぶできて18てん】

(しき)

こたえ　□　こ

パズル④

もくひょうじかん 20ぷん

がくしゅうした日　月　日	とくてん
なまえ	／100てん

1 たて、よこ、ななめに　ならぶ　3つの　かずを　たすと　みんな　15に　なるように、①から　⑥に　入る　かずを　かきましょう。

(1) （ぜんぶできて50てん）

2	①	4
③	5	④
②	⑤	⑥

(2) （ぜんぶできて50てん）

8	⑤	⑥
①	③	④
4	9	②

パズル④

（ぱずる）

もくひょうじかん 20ぷん

がくしゅうした日　月　日

なまえ

とくてん　／100てん

らくらくマルつけ

1167
解説→188ページ

❶ たて、よこ、ななめに　ならぶ　3つの　かずを　たすと　みんな　15に　なるように、①から　⑥に　入（はい）る　かずを　かきましょう。

(1)　（ぜんぶできて50てん）

2	①	4
③	5	④
②	⑤	⑥

(2)　（ぜんぶできて50てん）

8	⑤	⑥
①	③	④
4	9	②

100までの　かず①

がくしゅうした日　　月　　日

なまえ

とくてん

／100てん

1168
解説→189ページ

らくらくマルつけ

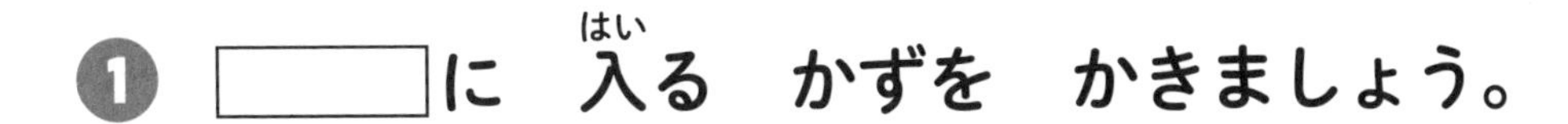

1つ7てん【42てん】

(1)　10が　6こで　□です。

(2)　80は　10が　□こです。

(3)　10が　10こで　□です。

(4)　30と　9で　□です。

(5)　10が　4こと　1が　7こで　□です。

(6)　十のくらいが　5、一のくらいが　2の かずは　□です。

(1)
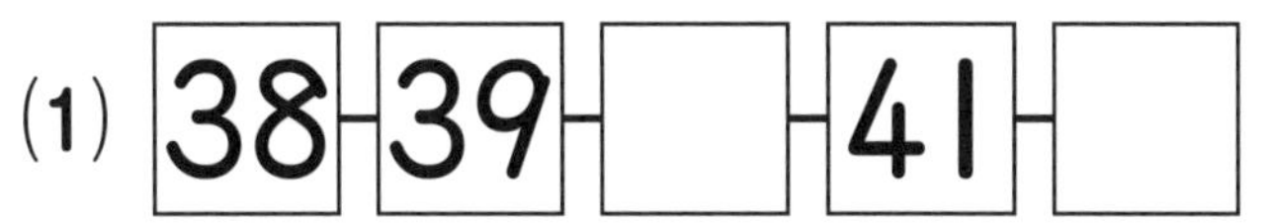

(ぜんぶできて10てん)

(2)　50－□－70－□－90　(ぜんぶできて10てん)

(3)　72－71－□－□－68　(ぜんぶできて10てん)

(4)　100－□－98－97－□　(ぜんぶできて10てん)

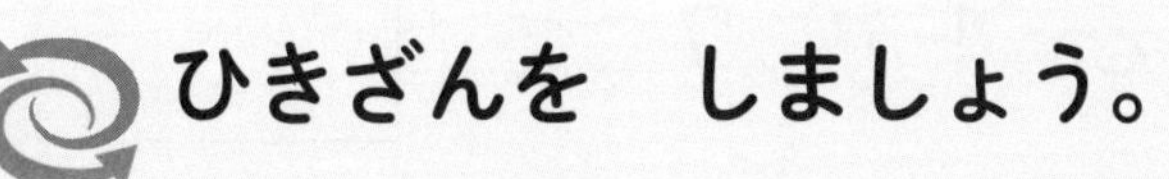

1つ3てん【18てん】

(1)　12－6＝　　(2)　17－8＝

(3)　15－8＝　　(4)　11－3＝

(5)　13－9＝　　(6)　16－9＝

68 100までの　かず①

がくしゅうした日　　月　　日

なまえ

とくてん

／100てん

❶ □に　入る　かずを　かきましょう。

1つ7てん【42てん】

(1) 10が　6こで　□です。

(2) 80は　10が　□こです。

(3) 10が　10こで　□です。

(4) 30と　9で　□です。

(5) 10が　4こと　1が　7こで　□です。

(6) 十のくらいが　5、一のくらいが　2のかずは　□です。

❷ □に　入る　かずを　かきましょう。【40てん】

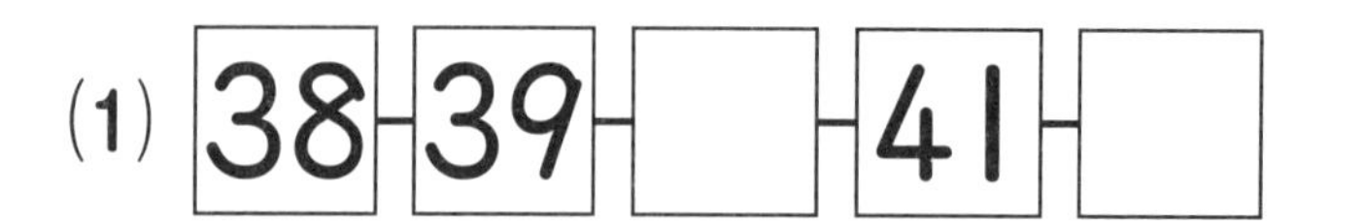

(1) 38－39－□－41－□　（ぜんぶできて10てん）

(2) 50－□－70－□－90　（ぜんぶできて10てん）

(3) 72－71－□－□－68　（ぜんぶできて10てん）

(4) 100－□－98－97－□　（ぜんぶできて10てん）

スパイラルコーナー

ひきざんを　しましょう。　1つ3てん【18てん】

(1) 12－6＝

(2) 17－8＝

(3) 15－8＝

(4) 11－3＝

(5) 13－9＝

(6) 16－9＝

100までの　かず②

がくしゅうした日　月　日

なまえ

とくてん　／100てん

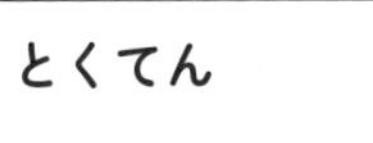

解説→189ページ

らくらくマルつけ

1 30＋20を　けいさんします。□に　入(はい)る　かずを　かきましょう。【ぜんぶできて12てん】

① 30は 10が 3こ、20は 10が □ こ

② 30と 20を あわせると、10が □ こ

③ 30＋20＝□

2 たしざんを　しましょう。1つ5てん【70てん】

(1) 20＋10＝　(2) 30＋40＝

(3) 10＋50＝　(4) 70＋20＝

(5) 40＋40＝　(6) 80＋20＝

(7) 10＋40＝　(8) 30＋60＝

(9) 20＋40＝　(10) 40＋50＝

(11) 50＋30＝　(12) 10＋60＝

(13) 80＋10＝　(14) 30＋70＝

スパイラルコーナー

ひきざんを　しましょう。1つ3てん【18てん】

(1) 14－8＝　(2) 18－9＝

(3) 11－7＝　(4) 17－8＝

(5) 13－8＝　(6) 12－8＝

＼もう１回チャレンジ!!／

100までの　かず②

がくしゅうした日　　月　　日

なまえ

とくてん　　／100てん

❶ 30＋20を　けいさんします。□に　入(はい)る　かずを　かきましょう。　【ぜんぶできて12てん】

① 30は　10が　3こ、20は　10が　□　こ

② 30と　20を　あわせると、10が　□　こ

③ 30＋20＝□

❷ たしざんを　しましょう。　1つ5てん【70てん】

(1) 20＋10＝　　(2) 30＋40＝

(3) 10＋50＝　　(4) 70＋20＝

(5) 40＋40＝　　(6) 80＋20＝

(7) 10＋40＝　　(8) 30＋60＝

(9) 20＋40＝　　(10) 40＋50＝

(11) 50＋30＝　　(12) 10＋60＝

(13) 80＋10＝　　(14) 30＋70＝

ひきざんを　しましょう。　1つ3てん【18てん】

(1) 14－8＝　　(2) 18－9＝

(3) 11－7＝　　(4) 17－8＝

(5) 13－8＝　　(6) 12－8＝

100までの　かず③

がくしゅうした日　月　日

なまえ

とくてん　／100てん

1170
解説→190ページ

1 60－40を　けいさんします。□に　入(はい)る　かずを　かきましょう。【ぜんぶできて12てん】

① 60は 10が 6こ、40は 10が □ こ

② 60から 40を ひくと、10が □ こ

③ 60－40＝□

2 ひきざんを　しましょう。1つ5てん【70てん】

(1) 30－20＝　(2) 60－20＝

(3) 40－10＝　(4) 50－30＝

(5) 70－60＝　(6) 90－40＝

(7) 50－40＝　(8) 30－10＝

(9) 60－30＝　(10) 70－20＝

(11) 40－20＝　(12) 50－20＝

(13) 80－70＝　(14) 100－60＝

スパイラルコーナー　ひきざんを　しましょう。1つ3てん【18てん】

(1) 13－7＝　(2) 15－8＝

(3) 12－9＝　(4) 11－6＝

(5) 17－9＝　(6) 16－8＝

＼もう1回チャレンジ!!／

100までの　かず③

がくしゅうした日　月　日

なまえ

とくてん　／100てん

1 60－40を　けいさんします。□に　入(はい)る　かずを　かきましょう。【ぜんぶできて12てん】

① 60は 10が 6こ、40は 10が □ こ

② 60から 40を ひくと、10が □ こ

③ 60－40＝□

2 ひきざんを　しましょう。1つ5てん【70てん】

(1) 30－20＝　(2) 60－20＝

(3) 40－10＝　(4) 50－30＝

(5) 70－60＝　(6) 90－40＝

(7) 50－40＝　(8) 30－10＝

(9) 60－30＝　(10) 70－20＝

(11) 40－20＝　(12) 50－20＝

(13) 80－70＝　(14) 100－60＝

ひきざんを　しましょう。1つ3てん【18てん】

(1) 13－7＝　(2) 15－8＝

(3) 12－9＝　(4) 11－6＝

(5) 17－9＝　(6) 16－8＝

100までの　かず④

がくしゅうした日　月　日

なまえ

とくてん

／100てん

1171
解説→190ページ

❶ けいさんを　しましょう。　1つ4てん【64てん】

(1) 10＋30＝　　(2) 50＋20＝

(3) 70－10＝　　(4) 40－30＝

(5) 40＋10＝　　(6) 80－40＝

(7) 60－50＝　　(8) 70＋20＝

(9) 90－60＝　　(10) 50－10＝

(11) 20＋50＝　　(12) 60＋20＝

(13) 70－50＝　　(14) 30＋30＝

(15) 80－60＝　　(16) 10＋90＝

❷ いろがみを　100まい　かいました。そのうち　40まいを　つかいました。のこりは　なんまいですか。

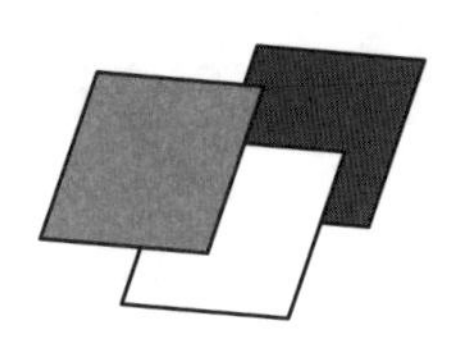

【ぜんぶできて18てん】

(しき)

こたえ　□　まい

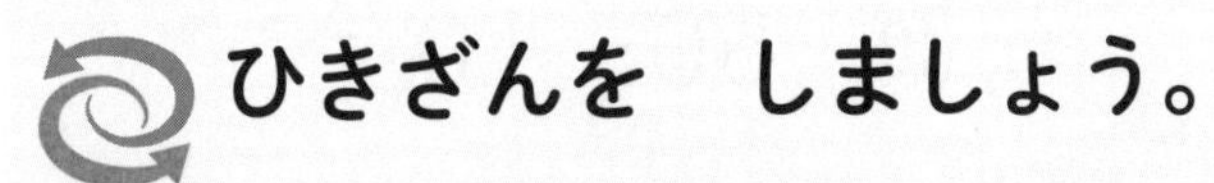

ひきざんを　しましょう。　1つ3てん【18てん】

(1) 12－4＝　　(2) 17－9＝

(3) 15－7＝　　(4) 14－8＝

(5) 11－7＝　　(6) 13－6＝

＼もう１回チャレンジ!! ／

100までの　かず④

がくしゅうした日　　月　　日

なまえ

とくてん

／100てん

1171
解説→190ページ

❶ けいさんを　しましょう。

1つ4てん【64てん】

(1) 10＋30＝　　(2) 50＋20＝

(3) 70－10＝　　(4) 40－30＝

(5) 40＋10＝　　(6) 80－40＝

(7) 60－50＝　　(8) 70＋20＝

(9) 90－60＝　　(10) 50－10＝

(11) 20＋50＝　　(12) 60＋20＝

(13) 70－50＝　　(14) 30＋30＝

(15) 80－60＝　　(16) 10＋90＝

❷ いろがみを　100まい　かいました。そのうち　40まいを　つかいました。のこりは　なんまいですか。

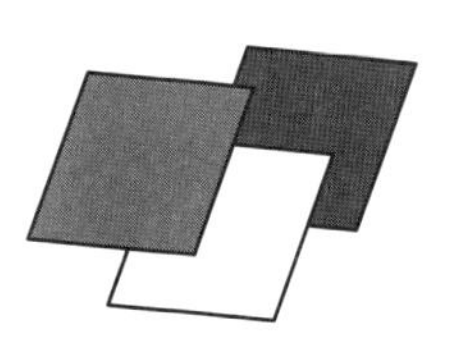

【ぜんぶできて18てん】

(しき)

こたえ　□　まい

ひきざんを　しましょう。

1つ3てん【18てん】

(1) 12－4＝　　(2) 17－9＝

(3) 15－7＝　　(4) 14－8＝

(5) 11－7＝　　(6) 13－6＝

72 100までの かず⑤

 がくしゅうした日 月 日

なまえ

とくてん

／100てん

1172
解説→190ページ

❶ 32+4を けいさんします。□に 入(はい)る かずを かきましょう。 【ぜんぶできて12てん】

① 32は □ と 2

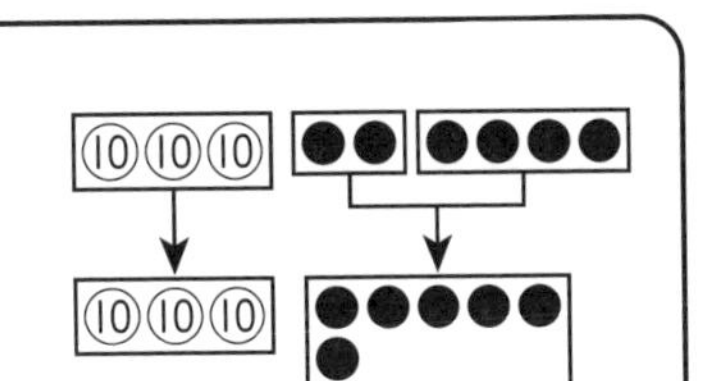

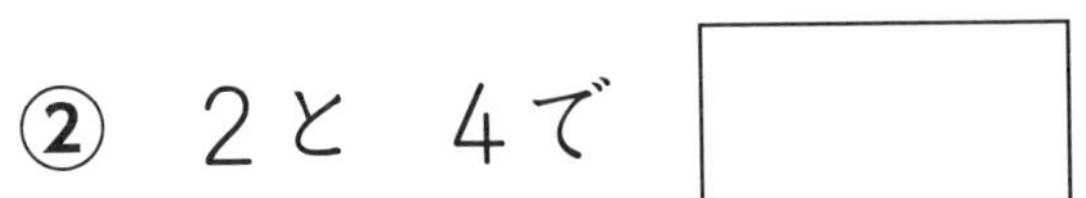

② 2と 4で □

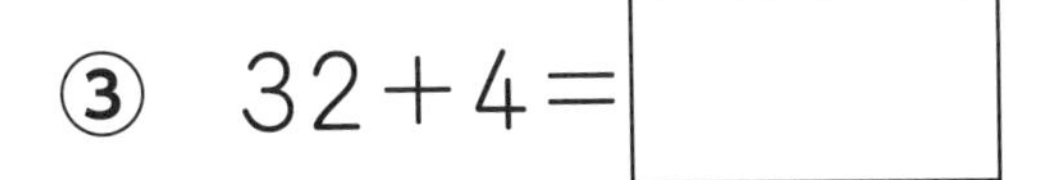

③ 32+4=□

❷ たしざんを しましょう。 1つ5てん【70てん】

(1) 21+2=　(2) 43+5=

(3) 4+34=　(4) 51+6=

(5) 5+21=　(6) 86+2=

(7) 63+4=　(8) 51+3=

(9) 4+82=　(10) 73+6=

(11) 91+7=　(12) 42+5=

(13) 6+31=　(14) 5+24=

スパイラルコーナー

ひきざんを しましょう。 1つ3てん【18てん】

(1) 14−6=　(2) 15−7=

(3) 11−2=　(4) 13−5=

(5) 16−9=　(6) 12−7=

＼もう1回チャレンジ!!／

72 100までの　かず⑤

がくしゅうした日　　月　　日

なまえ

とくてん　　／100てん

1172 解説→190ページ

❶ 32＋4を　けいさんします。□に入(はい)る　かずを　かきましょう。【ぜんぶできて12てん】

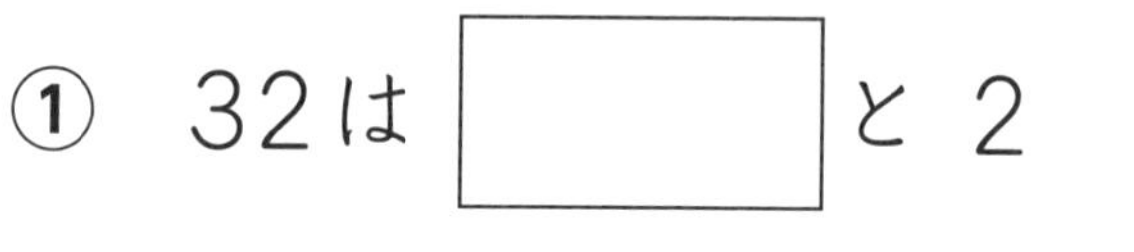

① 32は □ と 2

② 2と　4で □

③ 32＋4＝□

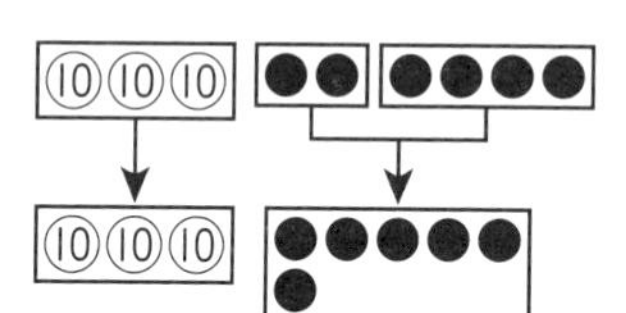

❷ たしざんを　しましょう。　1つ5てん【70てん】

(1) 21＋2＝　　(2) 43＋5＝

(3) 4＋34＝　　(4) 51＋6＝

(5) 5＋21＝　　(6) 86＋2＝

(7) 63＋4＝　　(8) 51＋3＝

(9) 4＋82＝　　(10) 73＋6＝

(11) 91＋7＝　　(12) 42＋5＝

(13) 6＋31＝　　(14) 5＋24＝

ひきざんを　しましょう。　1つ3てん【18てん】

(1) 14−6＝　　(2) 15−7＝

(3) 11−2＝　　(4) 13−5＝

(5) 16−9＝　　(6) 12−7＝

73 100までの　かず⑥

がくしゅうした日　月　日
なまえ
とくてん
／100てん

1173
解説→191ページ

1 25−2を　けいさんします。□に　入る　かずを　かきましょう。【ぜんぶできて12てん】

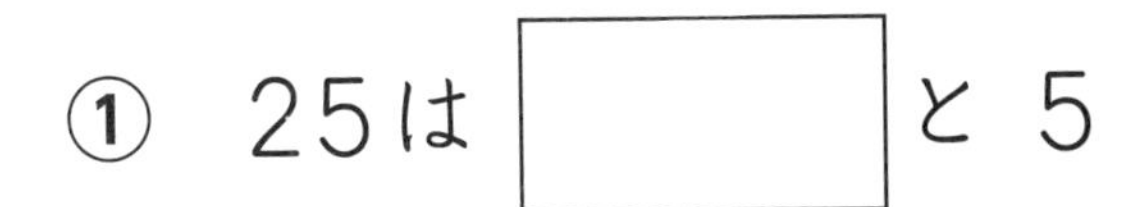

① 25は □ と 5

② 5は　2と □

③ 25−2= □

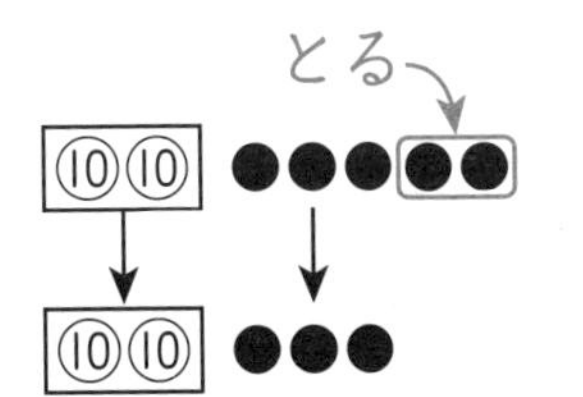

2 ひきざんを　しましょう。1つ5てん【70てん】

(1) 43−2=　　(2) 56−4=

(3) 37−3=　　(4) 65−2=

(5) 78−1=　　(6) 49−6=

(7) 34−2=　　(8) 47−4=

(9) 89−7=　　(10) 23−1=

(11) 56−2=　　(12) 98−3=

(13) 75−4=　　(14) 67−5=

ひきざんを　しましょう。1つ3てん【18てん】

(1) 14−9=　　(2) 12−6=

(3) 16−8=　　(4) 14−7=

(5) 14−5=　　(6) 17−9=

100までの　かず⑥

もくひょうじかん 20ぷん

がくしゅうした日　　月　　日

なまえ

とくてん　　／100てん

1173
解説→191ページ

らくらくマルつけ

❶ 25－2を　けいさんします。□に入る　かずを　かきましょう。【ぜんぶできて12てん】

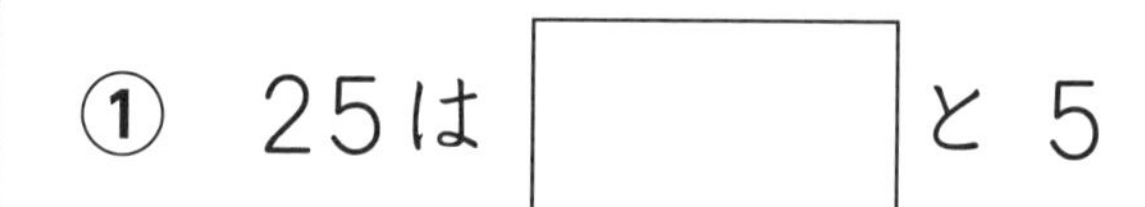

① 25は □ と 5

② 5は　2と □

③ 25－2＝□

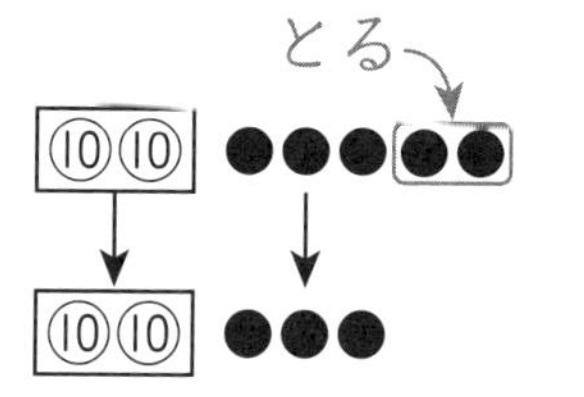

❷ ひきざんを　しましょう。　1つ5てん【70てん】

(1) 43－2＝　　(2) 56－4＝

(3) 37－3＝　　(4) 65－2＝

(5) 78－1＝　　(6) 49－6＝

(7) 34－2＝　　(8) 47－4＝

(9) 89－7＝　　(10) 23－1＝

(11) 56－2＝　　(12) 98－3＝

(13) 75－4＝　　(14) 67－5＝

スパイラルコーナー

ひきざんを　しましょう。　1つ3てん【18てん】

(1) 14－9＝　　(2) 12－6＝

(3) 16－8＝　　(4) 14－7＝

(5) 14－5＝　　(6) 17－9＝

74 100までの　かず⑦

もくひょうじかん 20ぷん

がくしゅうした日　　月　　日

なまえ

とくてん　　／100てん

らくらくマルつけ

1174 解説→191ページ

❶ けいさんを　しましょう。

1つ4てん【64てん】

(1) 52＋3＝

(2) 37－2＝

(3) 42－1＝

(4) 81＋5＝

(5) 76－4＝

(6) 24－1＝

(7) 62＋7＝

(8) 4＋93＝

(9) 57－6＝

(10) 82＋6＝

(11) 5＋52＝

(12) 96－3＝

(13) 74－3＝

(14) 6＋73＝

(15) 83＋4＝

(16) 68－2＝

❷ ジュース(じゅうす)が　1はこと　5本(ほん)　あります。1はこには　24本　入(はい)って　います。ジュースは　ぜんぶで　なん本(ぼん)　ありますか。

【ぜんぶできて18てん】

(しき)

こたえ　□本

ひきざんを　しましょう。

スパイラルコーナー

1つ3てん【18てん】

(1) 13－5＝

(2) 13－6＝

(3) 17－8＝

(4) 12－5＝

(5) 11－7＝

(6) 12－7＝

＼もう１回チャレンジ!! ／

74 100までの　かず⑦

がくしゅうした日　　月　　日

なまえ

とくてん　　／100てん

❶ けいさんを　しましょう。　1つ4てん【64てん】

(1) 52＋3＝　　(2) 37−2＝

(3) 42−1＝　　(4) 81＋5＝

(5) 76−4＝　　(6) 24−1＝

(7) 62＋7＝　　(8) 4＋93＝

(9) 57−6＝　　(10) 82＋6＝

(11) 5＋52＝　　(12) 96−3＝

(13) 74−3＝　　(14) 6＋73＝

(15) 83＋4＝　　(16) 68−2＝

❷ ジュースが　1はこと　5本　ありますφ

ジュース（じゅうす）が　1はこと　5本（ほん）　あります。1はこには　24本　入って（はいって）　います。ジュースは　ぜんぶで　なん本（ぼん）　ありますか。【ぜんぶできて18てん】

(しき)

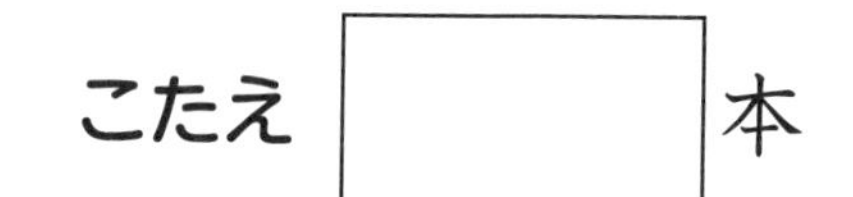

こたえ　　　本

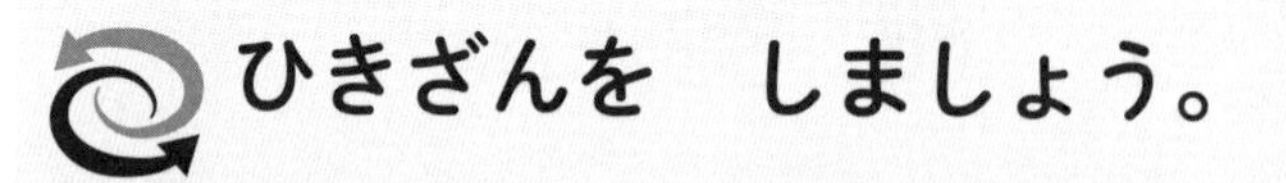

ひきざんを　しましょう。　1つ3てん【18てん】

スパイラルコーナー

(1) 13−5＝　　(2) 13−6＝

(3) 17−8＝　　(4) 12−5＝

(5) 11−7＝　　(6) 12−7＝

75 まとめの テスト⑯

もくひょうじかん 20ぷん

がくしゅうした日　月　日

なまえ

とくてん　／100てん

1175
解説→191ページ

らくらくマルつけ

❶ けいさんを しましょう。 1つ4てん【64てん】

(1) 21+2=

(2) 35−1=

(3) 28−4=

(4) 42+3=

(5) 4+31=

(6) 86−3=

(7) 97−2=

(8) 53+5=

(9) 59−5=

(10) 47−4=

(11) 63+1=

(12) 71+5=

(13) 65−3=

(14) 4+84=

(15) 92+7=

(16) 78−5=

❷ 赤い いろがみが 30まい、青い いろがみが 50まい あります。あわせて なんまい ありますか。 【ぜんぶできて18てん】

(しき)

こたえ □ まい

❸ カードを 47まい もって います。おとうとに 5まい あげました。カードは なんまい のこって いますか。

【ぜんぶできて18てん】

(しき)

こたえ □ まい

＼もう１回チャレンジ!!／

75 まとめの テスト⑯

もくひょうじかん 20ぷん

がくしゅうした日　月　日

なまえ

とくてん　／100てん

1175 解説→191ページ

❶ けいさんを しましょう。 1つ4てん【64てん】

(1) 21+2=　　(2) 35−1=

(3) 28−4=　　(4) 42+3=

(5) 4+31=　　(6) 86−3=

(7) 97−2=　　(8) 53+5=

(9) 59−5=　　(10) 47−4=

(11) 63+1=　　(12) 71+5=

(13) 65−3=　　(14) 4+84=

(15) 92+7=　　(16) 78−5=

❷ 赤い いろがみが 30まい、青い いろがみが 50まい あります。あわせて なんまい ありますか。 【ぜんぶできて18てん】

(しき)

こたえ □ まい

❸ カードを 47まい もって います。おとうとに 5まい あげました。カードは なんまい のこって いますか。

【ぜんぶできて18てん】

(しき)

こたえ □ まい

まとめの　テスト⑰

がくしゅうした日　月　日

なまえ

とくてん　／100てん

1176
解説→191ページ

❶ けいさんを　しましょう。　1つ4てん【64てん】

(1) 32＋5＝　(2) 23＋3＝

(3) 57－3＝　(4) 45－2＝

(5) 49－4＝　(6) 61＋3＝

(7) 5＋54＝　(8) 38－6＝

(9) 61＋7＝　(10) 86－4＝

(11) 93＋4＝　(12) 29－6＝

(13) 76－2＝　(14) 5＋82＝

(15) 95－4＝　(16) 76＋3＝

❷ 100円(えん)を　もって　かいものに　いきます。70円の　けしゴム(ごむ)を　かった　ときの　おつりは　なん円ですか。　【ぜんぶできて18てん】

(しき)

こたえ　□円

❸ としょしつに　21人(にん)　います。6人　は　いって　くると　なん人に　なりますか。

【ぜんぶできて18てん】

(しき)

こたえ　□人

まとめの　テスト⑰

がくしゅうした日　月　日
なまえ
とくてん　／100てん

1176
解説→191ページ

❶ けいさんを　しましょう。　1つ4てん【64てん】

(1) 32＋5＝　　(2) 23＋3＝

(3) 57－3＝　　(4) 45－2＝

(5) 49－4＝　　(6) 61＋3＝

(7) 5＋54＝　　(8) 38－6＝

(9) 61＋7＝　　(10) 86－4＝

(11) 93＋4＝　　(12) 29－6＝

(13) 76－2＝　　(14) 5＋82＝

(15) 95－4＝　　(16) 76＋3＝

❷ 100円(えん)を　もって　かいものに　いきます。70円の　けしゴム(ごむ)を　かった　ときの　おつりは　なん円ですか。　【ぜんぶできて18てん】

（しき）

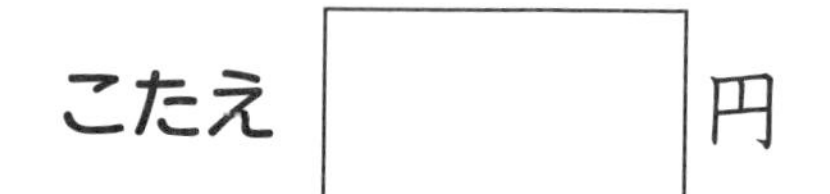

こたえ　□円

❸ としょしつに　21人(にん)　います。6人　は　いって　くると　なん人に　なりますか。　【ぜんぶできて18てん】

（しき）

こたえ　□人

ぶんしょうだい①

がくしゅうした日　　月　　日

なまえ

とくてん　　／100てん

1177
解説→192ページ

❶ あめが　14こ　ありました。いもうとに　5こ　あげて、3こ　たべました。あめは　なんこ　のこって　いますか。【ぜんぶできて25てん】

（しき）

こたえ　□　こ

❷ リンゴ（りんご）と　ミカン（みかん）が　あわせて　12こ　あります。リンゴは　4こです。ミカンは　なんこですか。【ぜんぶできて25てん】

（しき）

こたえ　□　こ

❸ ジュース（じゅうす）が　8本（ぽん）　あります。ジュースと　おちゃの　かずの　ちがいは　3本（ぼん）です。ジュースの　ほうが　すくないとき、おちゃは　なん本　ありますか。【ぜんぶできて30てん】

（しき）

こたえ　□　本（ぽん）

スパイラルコーナー

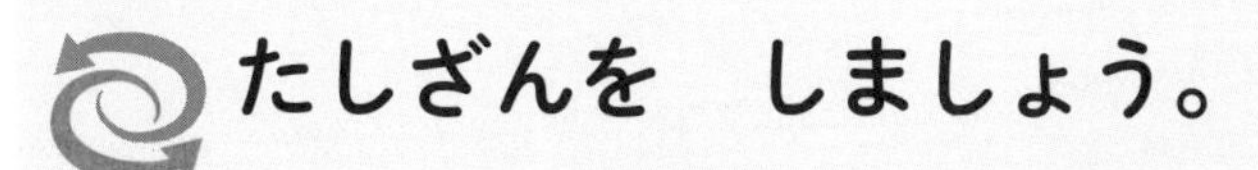

たしざんを　しましょう。　1つ5てん【20てん】

(1)　20＋40＝　　(2)　50＋30＝

(3)　40＋30＝　　(4)　70＋20＝

ぶんしょうだい①

がくしゅうした日　月　日

なまえ

とくてん　／100てん

1177
解説→192ページ

❶ あめが　14こ　ありました。いもうとに　5こ　あげて、3こ　たべました。あめは　なんこ　のこって　いますか。【ぜんぶできて25てん】

（しき）

こたえ　□　こ

❷ リンゴ(りんご)と　ミカン(みかん)が　あわせて　12こ　あります。リンゴは　4こです。ミカンは　なんこですか。【ぜんぶできて25てん】

（しき）

こたえ　□　こ

❸ ジュース(じゅうす)が　8本(ぽん)　あります。ジュースと　おちゃの　かずの　ちがいは　3本(ぼん)です。ジュースの　ほうが　すくないとき、おちゃは　なん本　ありますか。【ぜんぶできて30てん】

（しき）

こたえ　□　本(ぽん)

スパイラルコーナー

たしざんを　しましょう。　1つ5てん【20てん】

(1)　20＋40＝　　(2)　50＋30＝

(3)　40＋30＝　　(4)　70＋20＝

ぶんしょうだい②

 がくしゅうした日　月　日

なまえ

とくてん　／100てん

1178
解説→192ページ

❶ プリン(ぷりん)が　9こ　あります。ゼリー(ぜりい)は　プリンより　2こ　おおいです。ゼリーは　なんこ　ありますか。　【ぜんぶできて25てん】

(しき)

こたえ □ こ

❷ 赤(あか)い　花(はな)が　12本(ほん)　あります。青(あお)い　花は　赤い　花より　5本　すくないです。青い　花は　なん本(ぼん)　ありますか。　【ぜんぶできて25てん】

(しき)

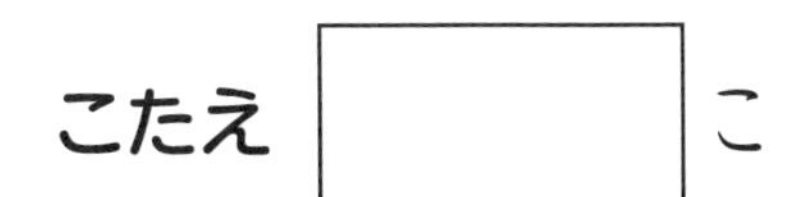

こたえ □ 本

❸ あめと　ガム(がむ)が　あります。あめは　14こで、ガムより　5こ　おおいです。ガムは　なんこ　ありますか。　【ぜんぶできて30てん】

(しき)

こたえ □ こ

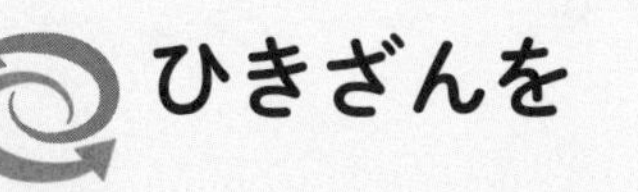

スパイラルコーナー

ひきざんを　しましょう。　1つ5てん【20てん】

(1)　60−30＝　　(2)　70−50＝

(3)　50−40＝　　(4)　90−30＝

78 ぶんしょうだい②

もくひょうじかん 20ぷん

がくしゅうした日　月　日

なまえ

とくてん　／100てん

らくらくマルつけ

1178

解説→192ページ

❶ プリンが　9こ　あります。ゼリーは　プリンより　2こ　おおいです。ゼリーは　なんこ　ありますか。　【ぜんぶできて25てん】

（しき）

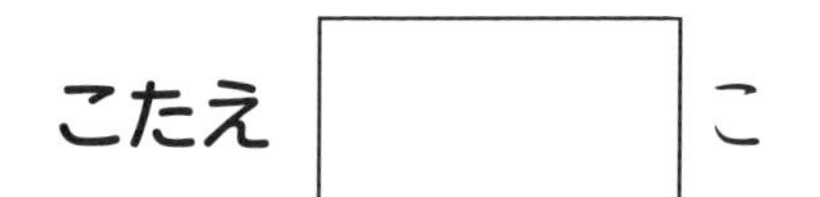

こたえ □ こ

❷ 赤い　花が　12本　あります。青い　花は　赤い　花より　5本　すくないです。青い　花は　なん本　ありますか。　【ぜんぶできて25てん】

（しき）

こたえ □ 本

❸ あめと　ガムが　あります。あめは　14こで、ガムより　5こ　おおいです。ガムは　なんこ　ありますか。　【ぜんぶできて30てん】

（しき）

こたえ □ こ

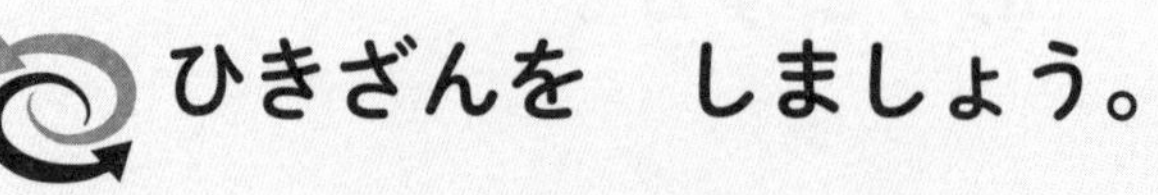

スパイラルコーナー

ひきざんを　しましょう。　1つ5てん【20てん】

(1) $60-30=$　　(2) $70-50=$

(3) $50-40=$　　(4) $90-30=$

79 ぶんしょうだい③

がくしゅうした日　月　日

なまえ

とくてん　／100てん

解説→193ページ

❶ 子どもが　１れつに　ならんで　います。さらさんは　まえから　８ばん目で、うしろに　４人　います。ならんで　いるのは　なん人ですか。【ぜんぶできて25てん】

（しき）

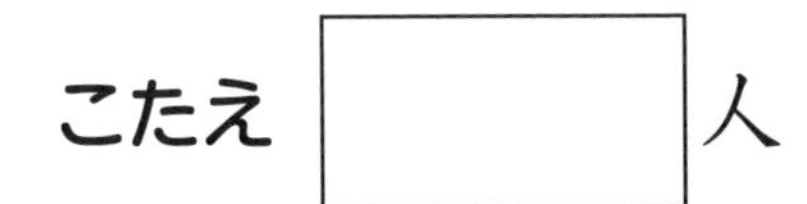

こたえ □ 人

❷ 子どもが　１れつに　ならんで　います。ゆみさんの　まえには　７人、うしろには　６人　います。ならんで　いるのは　なん人ですか。【ぜんぶできて25てん】

（しき）

こたえ □ 人

❸ 本だなに　本が　ならんで　います。さんすうの　本は　左から　７ばん目で、右から　９ばん目です。本だなには　なんさつの　本が　ならんで　いますか。【ぜんぶできて30てん】

（しき）

こたえ □ さつ

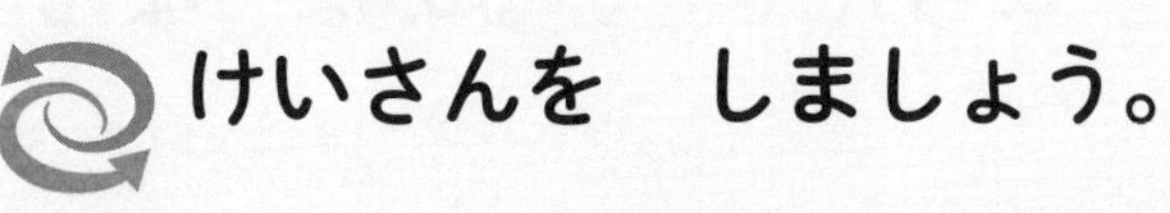

スパイラルコーナー

けいさんを　しましょう。　1つ5てん【20てん】

(1) 63＋6＝　　(2) 3＋52＝

(3) 75－4＝　　(4) 86－2＝

ぶんしょうだい③

がくしゅうした日　　月　　日

なまえ

とくてん　　／100てん

1179
解説→193ページ

❶ 子どもが　１れつに　ならんで　います。さらさんは　まえから　８ばん目で、うしろに　４人　います。ならんで　いるのは　なん人ですか。　【ぜんぶできて25てん】

（しき）

こたえ □ 人

❷ 子どもが　１れつに　ならんで　います。ゆみさんの　まえには　７人、うしろには　６人　います。ならんで　いるのは　なん人ですか。　【ぜんぶできて25てん】

（しき）

こたえ □ 人

❸ 本だなに　本が　ならんで　います。さんすうの　本は　左から　７ばん目で、右から　９ばん目です。本だなには　なんさつの　本が　ならんで　いますか。　【ぜんぶできて30てん】

（しき）

こたえ □ さつ

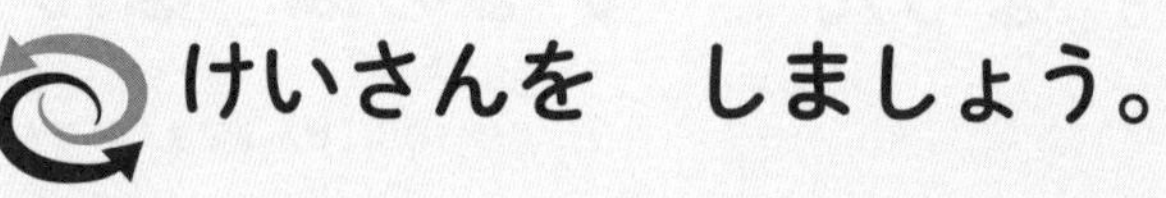

スパイラルコーナー

けいさんを　しましょう。　１つ５てん【20てん】

(1) 63＋6＝　　(2) 3＋52＝

(3) 75－4＝　　(4) 86－2＝

まとめの　テスト⑱

もくひょうじかん 20ぷん

がくしゅうした日　月　日

なまえ

とくてん　／100てん

1180
解説→193ページ

❶ 7人の　子どもが　1こずつ　ミカンを　たべると、ミカンは　5こ　あまりました。ミカンは　なんこ　ありましたか。

【ぜんぶできて25てん】

（しき）

こたえ　□　こ

❷ 9つの　いすに　子どもが　ひとりずつ　すわると、いすは　2つ　あまりました。すわって　いる　子どもは　なん人ですか。

【ぜんぶできて25てん】

（しき）

こたえ　□　人

❸ えはがきが　9まい　あります。きってを　かって　えはがきに　1まいずつ　はると、きっては　5まい　あまりました。きってを　なんまい　かいましたか。

【ぜんぶできて25てん】

（しき）

こたえ　□　まい

❹ 1れつに　13人　ならんで　います。あさひさんは　うしろから　5ばん目に　います。あさひさんの　まえに　なん人　いますか。

【ぜんぶできて25てん】

（しき）

こたえ　□　人

＼もう１回チャレンジ!!／

80 まとめの テスト⑱

もくひょうじかん 20ぷん

がくしゅうした日 月 日

なまえ

とくてん ／100てん

1180 解説→193ページ

❶ 7人の 子どもが １こずつ ミカンを たべると、ミカンは 5こ あまりました。ミカンは なんこ ありましたか。

【ぜんぶできて25てん】

（しき）

こたえ □ こ

❷ 9つの いすに 子どもが ひとりずつ すわると、いすは 2つ あまりました。すわって いる 子どもは なん人ですか。

【ぜんぶできて25てん】

（しき）

こたえ □ 人

❸ えはがきが 9まい あります。きってを かって えはがきに １まいずつ はると、きっては 5まい あまりました。きってを なんまい かいましたか。

【ぜんぶできて25てん】

（しき）

こたえ □ まい

❹ １れつに 13人 ならんで います。あさひさんは うしろから 5ばん目に います。あさひさんの まえに なん人 いますか。

【ぜんぶできて25てん】

（しき）

こたえ □ 人

81 そうふくしゅう＋先(さき)どり①

もくひょうじかん 20ぷん

がくしゅうした日　　月　　日

なまえ

とくてん　　／100てん

1181
解説→194ページ

❶ けいさんを　しましょう。

1つ4てん【64てん】

(1) 2＋3＝　　(2) 8－5＝

(3) 11－8＝　　(4) 9＋2＝

(5) 7＋7＝　　(6) 5＋4＝

(7) 16－9＝　　(8) 3－0＝

(9) 13－6＝　　(10) 6＋5＝

(11) 8＋0＝　　(12) 9－9＝

(13) 4＋7＝　　(14) 12－4＝

(15) 17－8＝　　(16) 7＋9＝

❷ たまごが　15こ　ありました。8こ　つかったので、10こ　かいました。いま、たまごは　なんこ　ありますか。

【ぜんぶできて20てん】

(しき)

こたえ　□こ

❸ かずの　せんを　つかって　けいさんを　しましょう。

1つ4てん【16てん】

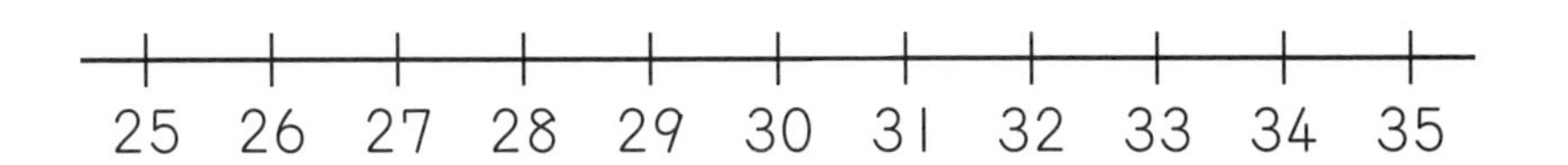

(1) 29＋3＝　　(2) 27＋8＝

(3) 31－4＝　　(4) 34－9＝

＼もう１回チャレンジ!! ／

そうふくしゅう＋先(さき)どり①

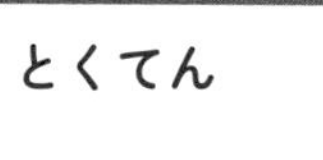

がくしゅうした日　月　日

なまえ

とくてん

／100てん

解説→194ページ

❶ けいさんを　しましょう。 1つ4てん【64てん】

(1) 2＋3＝　　(2) 8－5＝

(3) 11－8＝　　(4) 9＋2＝

(5) 7＋7＝　　(6) 5＋4＝

(7) 16－9＝　　(8) 3－0＝

(9) 13－6＝　　(10) 6＋5＝

(11) 8＋0＝　　(12) 9－9＝

(13) 4＋7＝　　(14) 12－4＝

(15) 17－8＝　　(16) 7＋9＝

❷ たまごが　15こ　ありました。8こ　つかったので、10こ　かいました。いま、たまごは　なんこ　ありますか。

【ぜんぶできて20てん】

(しき)

こたえ

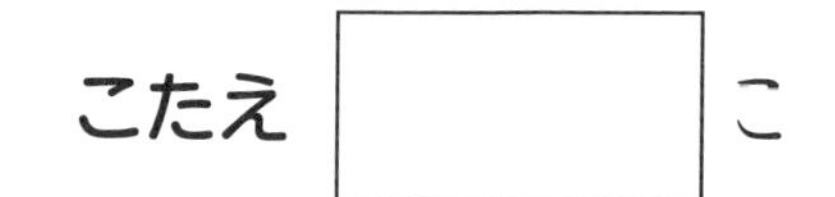

こ

❸ かずの　せんを　つかって　けいさんを　しましょう。 1つ4てん【16てん】

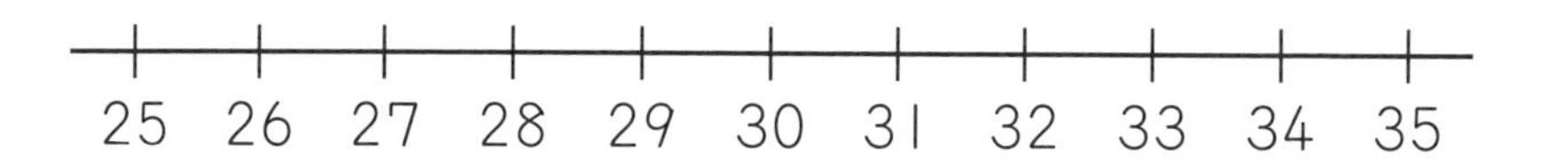

(1) 29＋3＝　　(2) 27＋8＝

(3) 31－4＝　　(4) 34－9＝

82 そうふくしゅう＋先(さき)どり②

もくひょうじかん 20ぷん

がくしゅうした日　月　日

なまえ

とくてん　／100てん

1182 解説→194ページ

1 けいさんを　しましょう。　1つ4てん【64てん】

(1) $14+2=$　(2) $13+4=$

(3) $19-4=$　(4) $17-4=$

(5) $5+13=$　(6) $19-6=$

(7) $17-2=$　(8) $12+5=$

(9) $19-3=$　(10) $13+2=$

(11) $8+11=$　(12) $16-3=$

(13) $12+6=$　(14) $15-2=$

(15) $18-1=$　(16) $6+13=$

2 ミカン(みかん)が　17こ　ありました。かぞくで　きのうは　8こ、きょうは　7こ　たべました。いま、ミカンは　なんこ　のこって　いますか。【ぜんぶできて20てん】

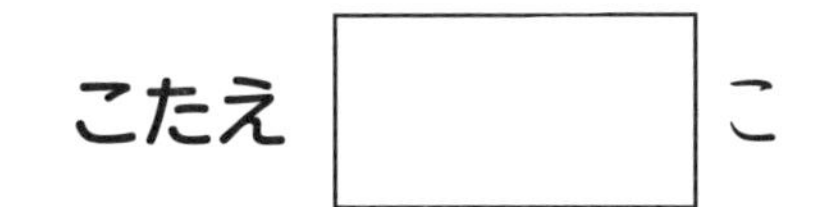

(しき)

こたえ □ こ

3 かずの　せんを　つかって　けいさんを　しましょう。　1つ4てん【16てん】

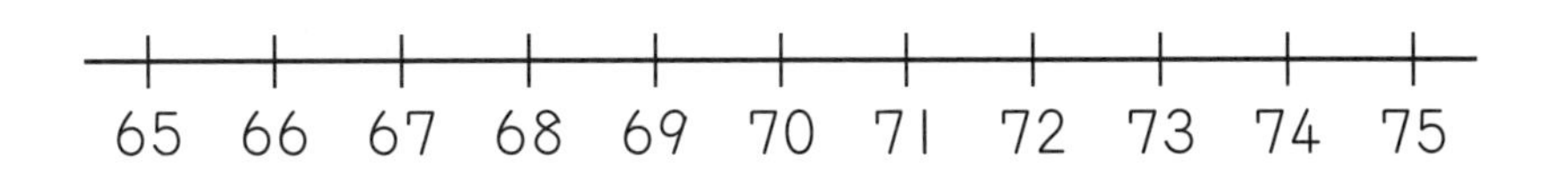

(1) $68+3=$　(2) $66+7=$

(3) $72-5=$　(4) $74-6=$

＼もう１回チャレンジ!!／

82 そうふくしゅう＋先(さき)どり②

もくひょうじかん 20ぷん

がくしゅうした日　月　日

なまえ

とくてん　／100てん

1182
解説→194ページ

らくらくマルつけ

1 けいさんを　しましょう。　1つ4てん【64てん】

(1) 14＋2＝　(2) 13＋4＝

(3) 19－4＝　(4) 17－4＝

(5) 5＋13＝　(6) 19－6＝

(7) 17－2＝　(8) 12＋5＝

(9) 19－3＝　(10) 13＋2＝

(11) 8＋11＝　(12) 16－3＝

(13) 12＋6＝　(14) 15－2＝

(15) 18－1＝　(16) 6＋13＝

2 ミカン(みかん)が　17こ　ありました。かぞくで　きのうは　8こ、きょうは　7こ　たべました。いま、ミカンは　なんこ　のこって　いますか。　【ぜんぶできて20てん】

(しき)

こたえ　[　　]こ

3 かずの　せんを　つかって　けいさんを　しましょう。　1つ4てん【16てん】

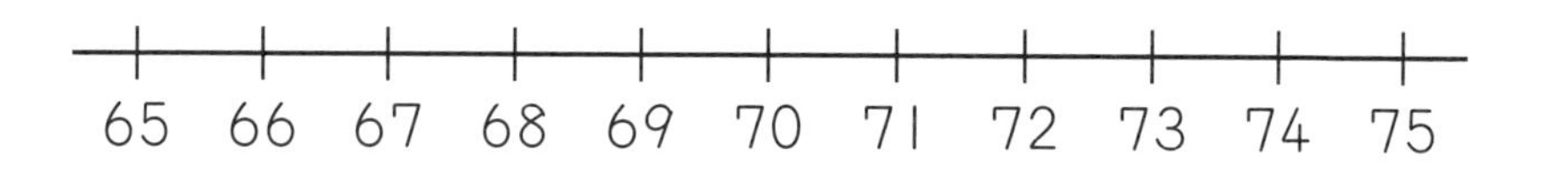

(1) 68＋3＝　(2) 66＋7＝

(3) 72－5＝　(4) 74－6＝

そうふくしゅう＋先(さき)どり③

がくしゅうした日　　月　　日

なまえ

とくてん
／100てん

1183
解説→194ページ

❶ けいさんを　しましょう。　1つ4てん【64てん】

(1) 23＋1＝　　(2) 49−7＝

(3) 68−3＝　　(4) 32＋4＝

(5) 89−1＝　　(6) 57−3＝

(7) 41＋7＝　　(8) 6＋52＝

(9) 96−4＝　　(10) 83＋3＝

(11) 4＋75＝　　(12) 69−2＝

(13) 37−5＝　　(14) 7＋92＝

(15) 6＋61＝　　(16) 78−4＝

❷ 子(こ)どもが　よこ　1れつに　ならんで　います。ゆきさんの　左(ひだり)には　9人(にん)、右(みぎ)には　10人　います。みんなで　なん人　ならんで　いますか。　【ぜんぶできて20てん】

(しき)

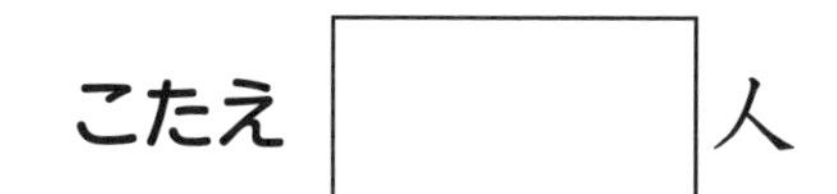
こたえ　　人

❸ かずの　せんを　つかって　けいさんを　しましょう。　1つ4てん【16てん】

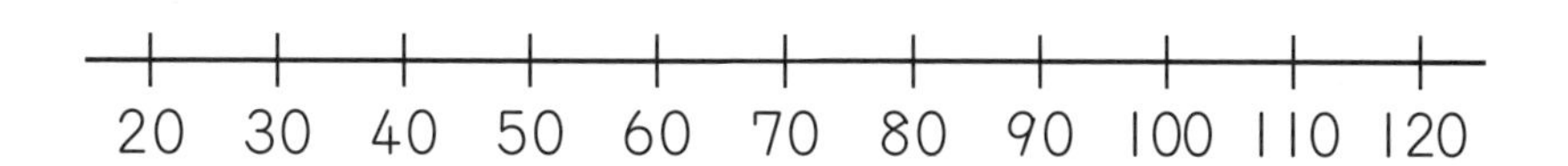

(1) 90＋20＝　　(2) 50＋70＝

(3) 110−50＝　　(4) 120−80＝

＼もう1回チャレンジ!!／

そうふくしゅう＋先(さき)どり③

もくひょうじかん 20ぷん

がくしゅうした日　月　日

なまえ

とくてん　／100てん

1183 解説→194ページ

❶ けいさんを　しましょう。 1つ4てん【64てん】

(1) $23+1=$　(2) $49-7=$

(3) $68-3=$　(4) $32+4=$

(5) $89-1=$　(6) $57-3=$

(7) $41+7=$　(8) $6+52=$

(9) $96-4=$　(10) $83+3=$

(11) $4+75=$　(12) $69-2=$

(13) $37-5=$　(14) $7+92=$

(15) $6+61=$　(16) $78-4=$

❷ 子(こ)どもが　よこ　1れつに　ならんで　います。ゆきさんの　左(ひだり)には　9人(にん)、右(みぎ)には　10人　います。みんなで　なん人　ならんで　いますか。 【ぜんぶできて20てん】

(しき)

こたえ 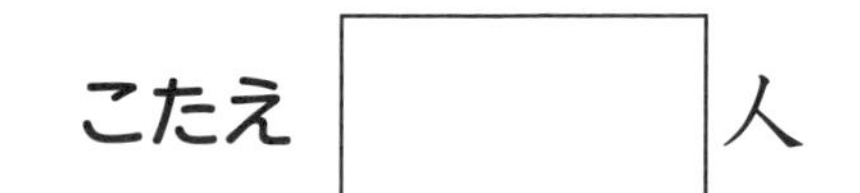 人

❸ かずの　せんを　つかって　けいさんを　しましょう。 1つ4てん【16てん】

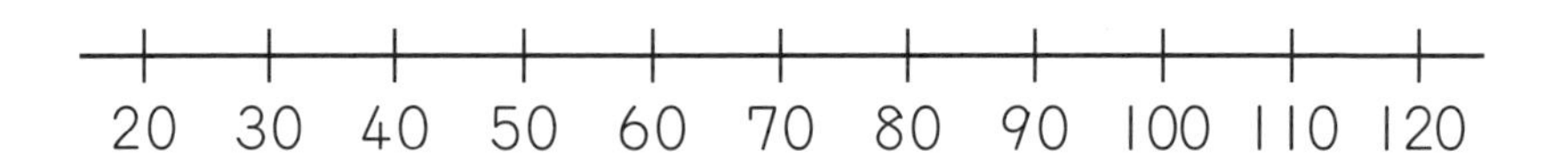

(1) $90+20=$　(2) $50+70=$

(3) $110-50=$　(4) $120-80=$

計算ギガドリル　小学１年

こたえ

わからなかった問題は、ポイントの解説をよく読んで、確認してください。

1 かずと　すうじ①　3ページ

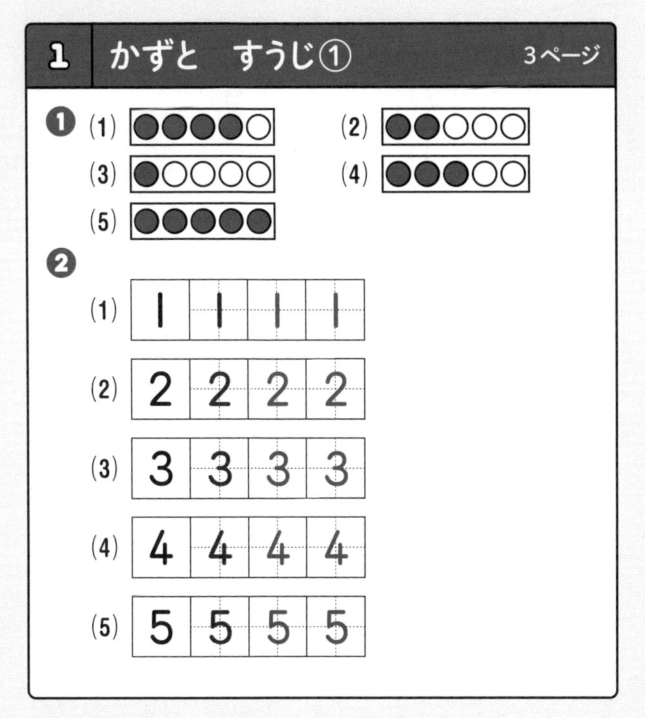

ポイント

❶ものと●を１つずつ対応させます。色を塗るときは、左から、間をあけずに塗るようにさせてください。

❷●の数を数字で表し、数字の読み方、書き方を学習します。４と５は、書き順を①、②で示しています。正しい書き順で、丁寧に書くようにさせてください。

2 かずと　すうじ②　5ページ

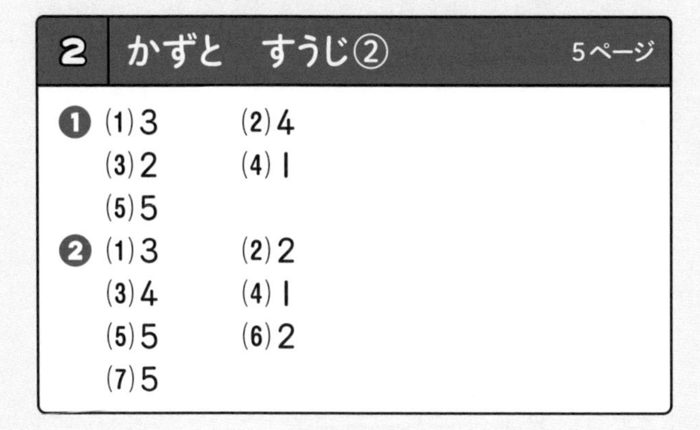

❶ (1)3　(2)4　(3)2　(4)1　(5)5

❷ (1)3　(2)2　(3)4　(4)1　(5)5　(6)2　(7)5

ポイント

❶ものの数を数えて、数字で書きます。

もの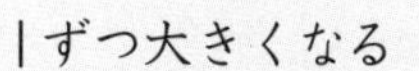数字の対応がきちんとできているか、確認してあげましょう。

❷１から５までの数を小さい順に並べた図を見て、答えさせます。このとき、右に１ずつ進むと、数は１ずつ大きくなり、左へ１ずつ進むと、数は１ずつ小さくなることを確認させます。

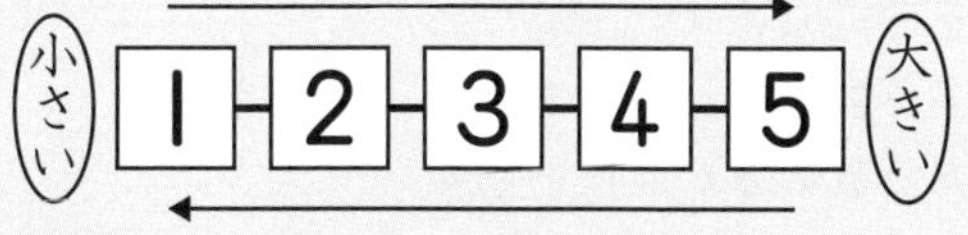

さらに、

１より３大きい数
１より４大きい数
２より３大きい数
４より３小さい数
５より３小さい数
５より４小さい数

などを問いかけるのもよいでしょう。

3 かずと　すうじ③　7ページ

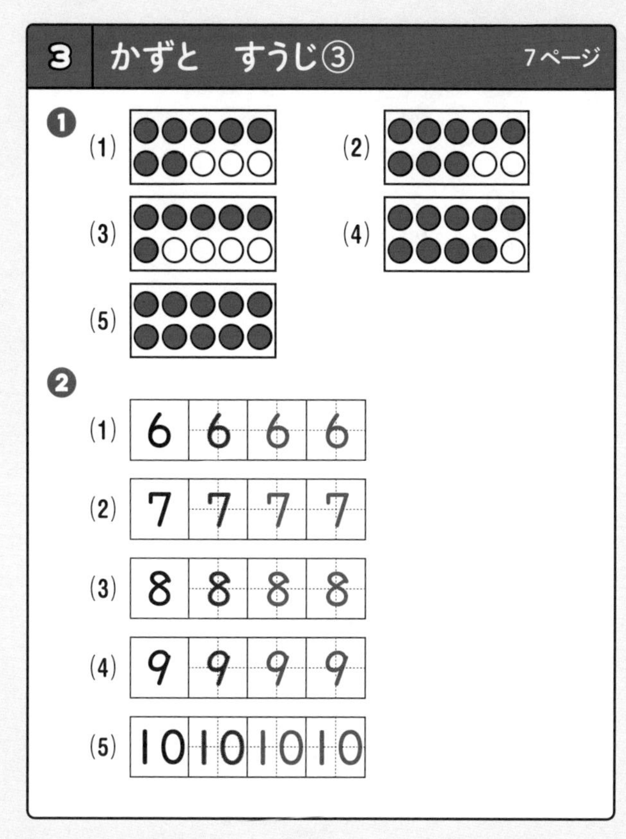

ポイント

❶ものと●を１つずつ対応させます。色を塗るときは、左上からまず上の段、次に下の段の順に塗るようにさせてください。

❷●の数を数字で表し、数字の読み方、書き方を学習します。８は、書き始めの位置と書き進める向きを正しく身に付けさせましょう。９も同様です。

10については、方眼ノートを使う場合、

筆算のときは２マス使う

それ以外のときは１マスにおさめる

という使い分けをすることがあり、ここでは１マスにおさめています。

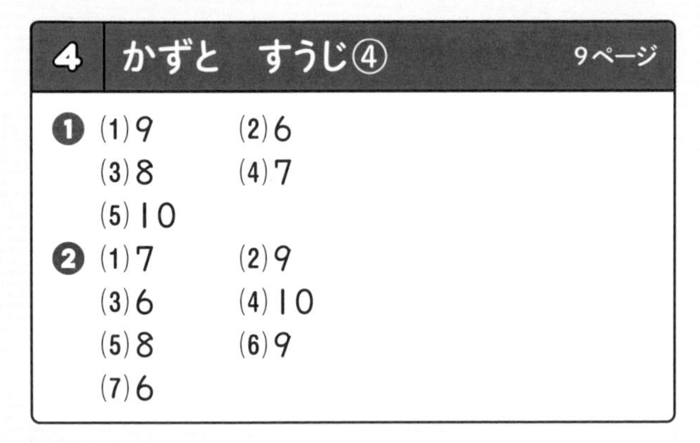

ポイント

❶6から10の数について、ものの数を数えて、数字で書きます。
もの⟶●⟶数字の対応がきちんとできているか、確認してあげましょう。
❷6から10までの数を小さい順に並べた図を見て、答えさせます。1から5までの数と同様に、右に1ずつ進むと、数は1ずつ大きくなり、左へ1ずつ進むと、数は1ずつ小さくなることを確認させます。

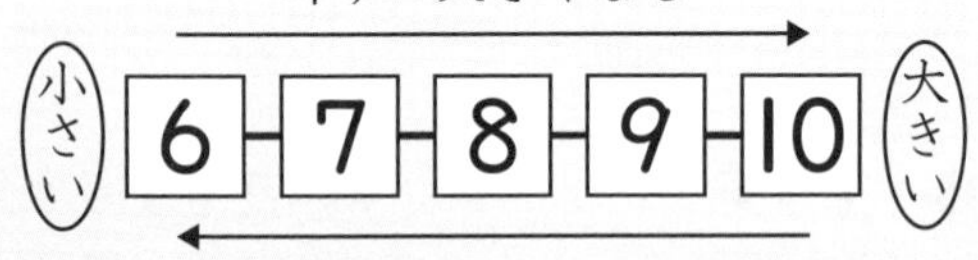

また、5と6をつないだ

のような図を使って、
　5より2大きい数
　7より3小さい数
などを問いかけるのもよいでしょう。

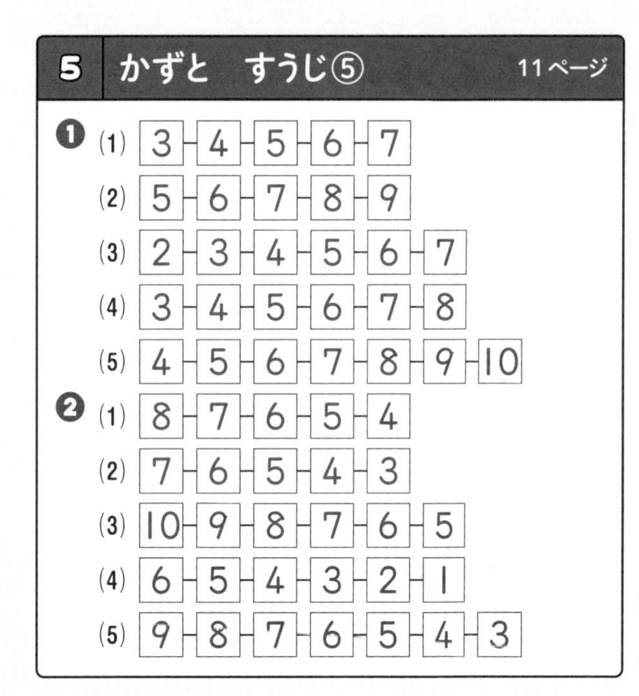

ポイント

❶小さい順に数を書いて、数の並び方が理解できているかを確認します。
　左にある数の方が右にある数より小さい
　右にある数の方が左にある数より大きい
　数は1ずつ増える
ということを、しっかり確認させましょう。
❷大きい順に数を書きます。今度は
　左にある数の方が右にある数より大きい
　右にある数の方が左にある数より小さい
　数は1ずつ減る
ということを、しっかり確認させましょう。

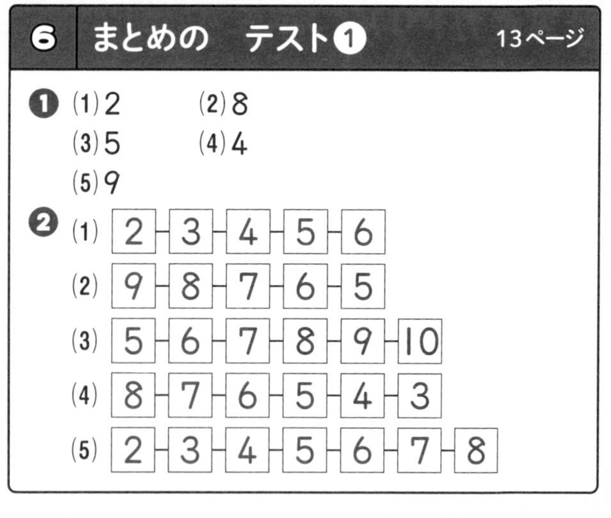

ポイント

❶いくつあるかを数える問題です。(2)や(5)のように、数が多くなると、数え間違うことがあるので、丁寧に数えさせましょう。
❷(1)、(3)、(5)が小さい順、(2)、(4)が大きい順になっています。問題をしっかり読んで、間違えないように気を付けさせましょう。
教科書では、この後「なんばんめ」の学習になります。
　前から何番目、後ろから何番目
　左から何番目、右から何番目
　前からいくつ、後ろからいくつ
といったことを学びますが、1から10までの数の並びが重要であることは、言うまでもありません。
繰り返し復習して、しっかり定着させましょう。

7 いくつと いくつ① 15ページ

❶ (1)2 (2)1 (3)3
(4)4 (5)4 (6)3
❷ (1)3 (2)5 (3)6 (4)2
(5)1 (6)3 (7)1 (8)2

ポイント

❶3から6までの数について、いくつといくつに分けられるかを学習します。書き上げると、
3は1と2、2と1
4は1と3、2と2、3と1
5は1と4、2と3、3と2、4と1
6は1と5、2と4、3と3、4と2、5と1
となります。
(1)は、線で分けてありますが、(2)は、左から3つ数えて線をひき、4が3と1に分けられることを実感させてください。(3)から(6)も同様です。
❷3から6までの数の合成です。書き上げると
1と2で3、2と1で3
1と3で4、2と2で4、3と1で4
1と4で5、2と3で5、3と2で5
4と1で5
1と5で6、2と4で6、3と3で6
4と2で6、5と1で6
となります。たし算の基礎となる重要な内容です。(1)では、ヒントとして「●●と●で●●●」を入れてあります。(2)から(8)も同様に●を書いて数えさせてもよいのですが、数を見ただけで答えられるようになるまで、繰り返し復習させましょう。

8 いくつと いくつ② 17ページ

❶ (1)4 (2)2 (3)1
(4)5 (5)2 (6)5
❷ (1)4 (2)7 (3)6 (4)2
(5)4 (6)6 (7)2 (8)3

ポイント

❶4から7までの数の分解です。7について書き上げると、
7は1と6、2と5、3と4、
4と3、5と2、6と1
となります。
❷4から7までの数の合成です。

9 いくつと いくつ③ 19ページ

❶ (1)2 (2)4 (3)6
(4)2 (5)7 (6)5
❷ (1)6 (2)7 (3)8 (4)3
(5)3 (6)6 (7)4 (8)4

ポイント

❶6、7、8の数の分解です。8について書き上げると、
8は1と7、2と6、3と5、4と4、
5と3、6と2、7と1
となります。
❷6、7、8の数の合成です。

10 いくつと いくつ④ 21ページ

❶ (1)5 (2)2 (3)5
(4)7 (5)6 (6)8
❷ (1)8 (2)9 (3)9 (4)4
(5)5 (6)1 (7)6 (8)1

ポイント

❶8、9の数の分解です。9について書き上げると、
9は1と8、2と7、3と6、4と5、5と4、
6と3、7と2、8と1
となります。
❷8、9の数の合成です。

11 いくつと いくつ⑤ 23ページ

❶ (1)4 (2)8 (3)2
(4)8 (5)5 (6)7
❷ (1)9 (2)10 (3)10 (4)4
(5)8 (6)7 (7)1 (8)6

ポイント

❶9、10の数の分解です。10について書き上げると、
10は1と9、2と8、3と7、4と6、5と5、
6と4、7と3、8と2、9と1
となります。
❷9、10の数の合成です。10については、後で学習する「繰り上がりのあるたし算」「繰り下がりのあるひき算」で重要になりますので、すぐに答えられるようになるまで、しっかり復習させましょう。

12 まとめの　テスト❷ 25ページ

❶ (1) 1、3
(2) 3、2
(3) 5、1

❷ (1) 4　(2) 6　(3) 7　(4) 1
(5) 4　(6) 2　(7) 5　(8) 6

ポイント

❶5、6、7の数の分解です。出題されていないものについても、復習させましょう。
❷4から7までの数の合成です。この後に学習する「たし算」につながる内容ですので、スラスラと答えられるようになるまで、しっかり復習させましょう。

13 まとめの　テスト❸ 27ページ

❶ (1) 5、2
(2) 7、4
(3) 6、9

❷ (1) 8　(2) 9　(3) 10　(4) 7
(5) 8　(6) 8　(7) 4　(8) 7

ポイント

❶8、9、10の数の分解です。出題されていないものについても、復習させましょう。
❷8、9、10の数の合成です。スラスラと答えられるようになるまで、しっかり復習させましょう。

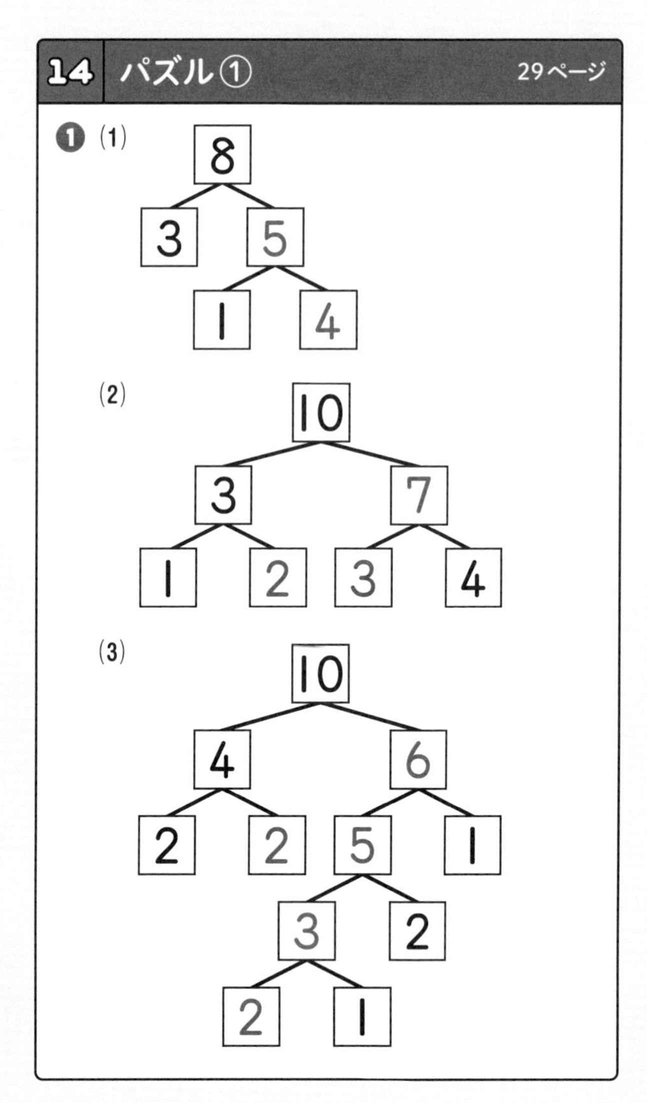

ポイント

❶「いくつと　いくつ」を用いたパズルです。楽しみながらも、しっかり復習できるようにしています。

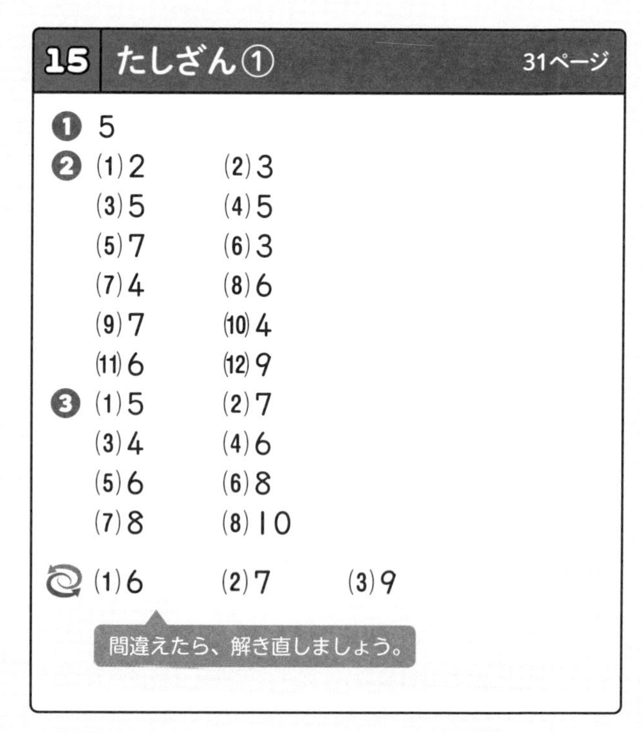

15 たしざん① 31ページ

❶ 5

❷ (1) 2　(2) 3
(3) 5　(4) 5
(5) 7　(6) 3
(7) 4　(8) 6
(9) 7　(10) 4
(11) 6　(12) 9

❸ (1) 5　(2) 7
(3) 4　(4) 6
(5) 6　(6) 8
(7) 8　(8) 10

(1) 6　(2) 7　(3) 9

間違えたら、解き直しましょう。

ポイント

❶「2と3で5」を式に表すと、「2＋3＝5」となることを確認させましょう。
❷たされる数とたす数が、どちらも1から5までの数になっているたし算です。「いくつと　いくつ」で学んだことを活かして、計算させましょう。
「いくつと　いくつ」の内容の復習です。問い方は異なりますが、今回の問題と考えることは同じです。

16 たしざん② 33ページ

❶ 2

❷ (1)2 (2)3
(3)7 (4)9
(5)4 (6)9
(7)9 (8)8
(9)9 (10)5
(11)0 (12)10

❸ (1)6 (2)8
(3)8 (4)7
(5)9 (6)7
(7)9 (8)10

(1)8 (2)10 (3)9

間違えたら、解き直しましょう。

ポイント

❶0とのたし算です。0をたしても数は増えないので、答えはたされる数のままです。また、0にどんな数をたしても、答えはたす数のままです。
❷和が10以下になる2数のたし算です。
たし算と同じように考えて、答えさせましょう。

17 たしざん③ 35ページ

❶ (1)3 (2)5
(3)6 (4)4
(5)9 (6)4
(7)5 (8)7
(9)5 (10)6
(11)9 (12)3
(13)5 (14)6
(15)7 (16)10

❷ しき…6+2=8 こたえ…8

(1)9 (2)8 (3)10

間違えたら、解き直しましょう。

ポイント

❶2数の和が10以下となるたし算です。0から9までの2数の場合、そのような問題は64問しかありませんから、同じ問題が何回か出てくることがあります。
❷「あわせて いくつ」ですから、たし算です。問題文をよく読んで、どういう場面であるのかを、イメージさせてください。その際、●を並べて、簡単な図を描くことも効果的です。
たし算と同じように考えて、答えさせましょう。

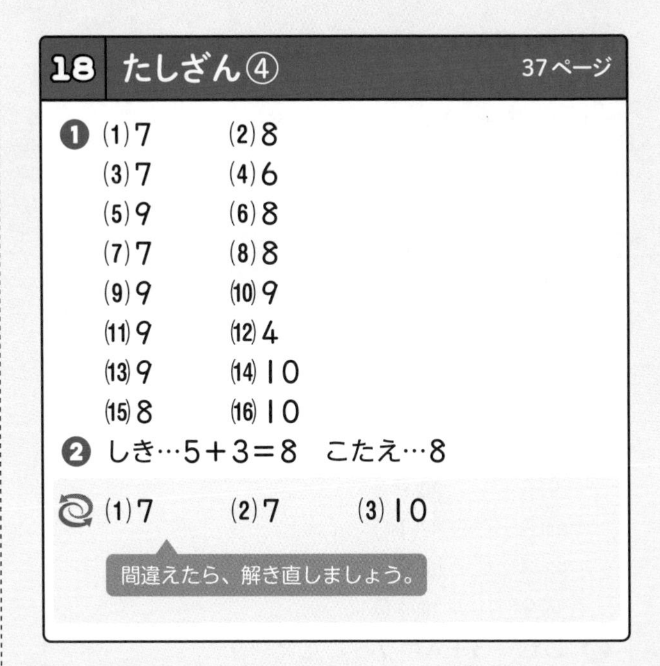

18 たしざん④ 37ページ

❶ (1)7 (2)8
(3)7 (4)6
(5)9 (6)8
(7)7 (8)8
(9)9 (10)9
(11)9 (12)4
(13)9 (14)10
(15)8 (16)10

❷ しき…5+3=8 こたえ…8

(1)7 (2)7 (3)10

間違えたら、解き直しましょう。

ポイント

❷「ぜんぶで いくつ」や「ふえると いくつ」の場合も、たし算になります。
たし算と同じように考えて、答えさせましょう。

19 まとめの テスト❹ 39ページ

❶ (1)4 (2)4
(3)5 (4)3
(5)8 (6)7
(7)5 (8)6
(9)9 (10)5
(11)8 (12)8
(13)6 (14)6
(15)7 (16)10

❷ しき…2+7=9 こたえ…9

❸ しき…4+6=10 こたえ…10

ポイント
❶2数の和が10以下となるたし算の復習です。
❷「ぜんぶで　いくつ」なので、たし算です。
❸「あわせて　いくつ」なので、たし算です。

20 まとめの　テスト❺　41ページ

❶ (1)8　(2)5
(3)9　(4)7
(5)9　(6)7
(7)6　(8)10
(9)4　(10)9
(11)8　(12)10
(13)3　(14)9
(15)9　(16)10
❷ しき…3+4=7　こたえ…7
❸ しき…8+2=10　こたえ…10

ポイント
❶(8)と(16)で、1+9=10、9+1=10であることから、1+9=9+1が成り立つことに触れるのもよいでしょう。
❷「ぜんぶで　いくつ」なので、たし算です。
❸「あわせて　いくつ」なので、たし算です。

21 ひきざん①　43ページ

❶ 3
❷ (1)1　(2)3
(3)2　(4)5
(5)7　(6)3
(7)6　(8)4
(9)2　(10)1
(11)1　(12)5
❸ (1)2　(2)4
(3)8　(4)4
(5)2　(6)1
(7)8　(8)4

(1)7　(2)6　(3)9
(4)10　(5)9　(6)8

間違えたら、解き直しましょう。

ポイント
❶「5は2と3」ですから、5から2をとると残りは3になります。このことを、式で「5−2=3」と表すことを確認させましょう。
❷10以下の2数のひき算です。ひかれる数をひく数と「いくつ」に分けたとき、「いくつ」がひき算の答えになります。(4)の場合

7−2=5
↑　↑　↑
7は2と5

となります。計算の手が止まってしまう場合は、「いくつと　いくつ」の単元を復習させてください。答えが0になる場合を除けば、10以下の2数のひき算は、45問しかありませんから、この後、同じ問題が何回か出てくることがあります。繰り返し、しっかりと計算できるように、練習させましょう。
ひき算の問題に取り組んだ後なので、1つ1つ落ち着いて解かせましょう。

22 ひきざん②　45ページ

❶ 0
❷ (1)0　(2)1
(3)4　(4)3
(5)2　(6)2
(7)0　(8)6
(9)6　(10)1
(11)6　(12)5
❸ (1)2　(2)1
(3)0　(4)3
(5)7　(6)1
(7)3　(8)0

(1)7　(2)8　(3)4
(4)9　(5)5　(6)10

間違えたら、解き直しましょう。

ポイント
❶同じ数のひき算です。何もないことを表す数が0ですから、答えは0です。
❷答えが0になる場合も含めた、1以上10以下の2数のひき算です。
たし算の頭に切り替えて取り組ませましょう。

23 ひきざん③ 47ページ

❶ 3

❷ (1)5 (2)5
(3)2 (4)1
(5)3 (6)5
(7)1 (8)2
(9)2 (10)6
(11)6 (12)1

❸ (1)3 (2)7
(3)0 (4)1
(5)3 (6)4
(7)6 (8)5

(1)7 (2)5 (3)8
(4)10 (5)9 (6)10

間違えたら、解き直しましょう。

ポイント

❶0をひくひき算です。ひかれる数から何もひかないので、ひかれる数がそのまま答えになります。
❷繰り返し、ひき算の練習をさせましょう。
たし算の頭に切り替えて取り組ませましょう。

24 ひきざん④ 49ページ

❶ (1)1 (2)4
(3)8 (4)2
(5)7 (6)1
(7)8 (8)2
(9)6 (10)7
(11)4 (12)0
(13)1 (14)2
(15)0 (16)4

❷ しき…10−3=7 こたえ…7

(1)5 (2)9 (3)9
(4)10 (5)6 (6)9

間違えたら、解き直しましょう。

ポイント

❶式をよく見て、正しく計算できるように繰り返ししっかり練習させましょう。
❷「のこりは いくつ」なので、ひき算になります。
たし算の頭に切り替えて取り組ませましょう。

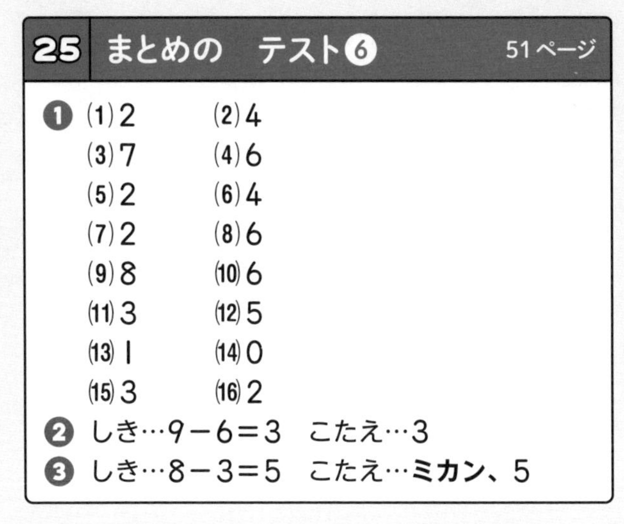

25 まとめの テスト❻ 51ページ

❶ (1)2 (2)4
(3)7 (4)6
(5)2 (6)4
(7)2 (8)6
(9)8 (10)6
(11)3 (12)5
(13)1 (14)0
(15)3 (16)2

❷ しき…9−6=3 こたえ…3

❸ しき…8−3=5 こたえ…**ミカン、5**

ポイント

❶ひき算のまとめの計算です。しっかり復習できるように、2回分あります。
❷「のこりは いくつ」なので、ひき算です。
❸「ちがいは いくつ」の場合も、ひき算です。次のような図で考えさせるとよいでしょう。

ミカン…●●●●●●●●
リンゴ…●●●
5個多い

26 まとめの　テスト⑦　53ページ

❶ (1) 5　(2) 4
(3) 7　(4) 3
(5) 3　(6) 1
(7) 3　(8) 0
(9) 1　(10) 2
(11) 2　(12) 4
(13) 5　(14) 1
(15) 8　(16) 3

❷ しき…7−2=5　こたえ…**ねこ、5**

❸ しき…10−4=6　こたえ…6

ポイント

❶ひき算の2回目のまとめです。速く、正確に計算できるように、練習させましょう。

❷「ちがいは　いくつ」なので、ひき算です。この問題では、問題文に出てきた順に数を並べて、式を「2−7=5」と書かないように注意してください。小学校でのひき算の式は、(大きい数)−(小さい数)とすることを確認させてください。

❸「のこりは　いくつ」なので、ひき算です。

27 たしざんと　ひきざん①　55ページ

❶ (1) 6　(2) 7
(3) 2　(4) 4
(5) 7　(6) 2
(7) 7　(8) 9
(9) 2　(10) 8
(11) 4　(12) 8
(13) 9　(14) 5
(15) 4　(16) 9

❷ しき…6+3=9　こたえ…9

しき…8−2=6　こたえ…6

間違えたら、解き直しましょう。

ポイント

❶たし算とひき算が混じっています。間違えないように計算させましょう。

❷「ぜんぶで　いくつ」なので、たし算です。

ひき算の計算問題は❶で扱っているので、文章題での出題です。「のこりは　なんこ」という問題文から、ひき算の問題と見分けられるようにしましょう。

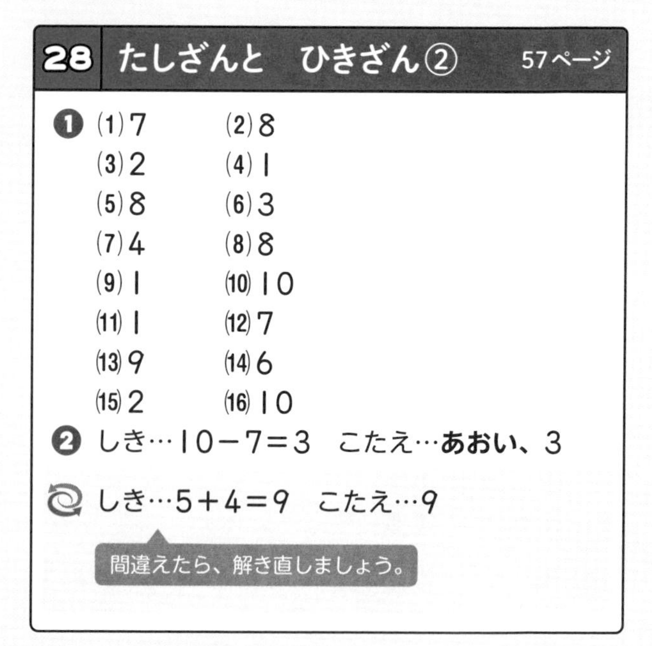

28 たしざんと　ひきざん②　57ページ

❶ (1) 7　(2) 8
(3) 2　(4) 1
(5) 8　(6) 3
(7) 4　(8) 8
(9) 1　(10) 10
(11) 1　(12) 7
(13) 9　(14) 6
(15) 2　(16) 10

❷ しき…10−7=3　こたえ…**あおい、3**

しき…5+4=9　こたえ…9

間違えたら、解き直しましょう。

ポイント

❶たし算とひき算が混じっています。よく見て、正しく計算させましょう。

❷「ちがいは　いくつ」なので、ひき算です。ここでも、式を「7−10=3」と書いていないか、注意して見てください。

最近、文章題が解けない小学生のことが問題になっています。原因の1つとして考えられるのが、問題文に出てきた2つの数だけを見て、たし算の単元ならたす、ひき算の単元なら大きい方から小さい方をひく、という式を作って、問題文を読まないことが考えられます。本書では、それを防ぐために、たし算とひき算が混じった回を設けています。

「あわせて　なんびき」という問題文からたし算の問題と考えます。

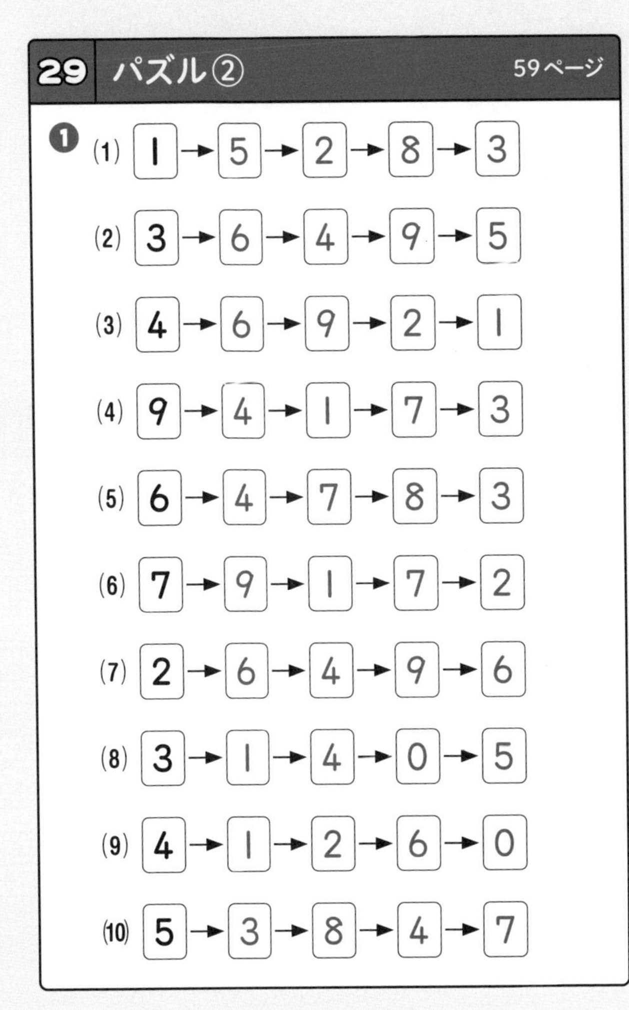

29 パズル② 59ページ

❶
(1) 1→5→2→8→3
(2) 3→6→4→9→5
(3) 4→6→9→2→1
(4) 9→4→1→7→3
(5) 6→4→7→8→3
(6) 7→9→1→7→2
(7) 2→6→4→9→6
(8) 3→1→4→0→5
(9) 4→1→2→6→0
(10) 5→3→8→4→7

ポイント

❶たしたり、ひいたりを繰り返す計算パズルです。各問題とも、4回の計算をしますが、最初で間違うと、その問題の最後まで答えが合わなくなるので、丁寧に計算させましょう。

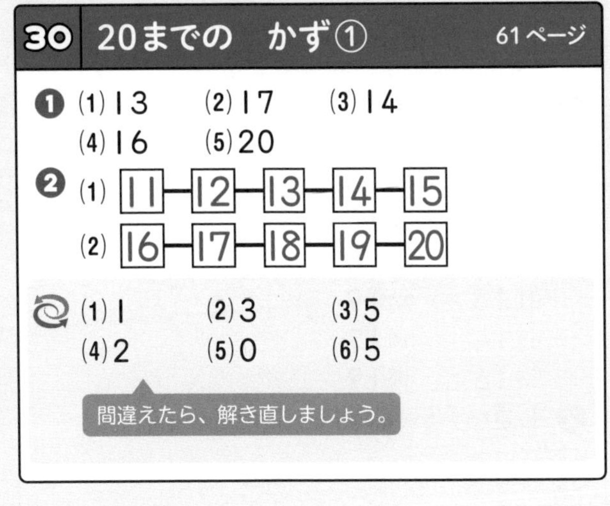

30 20までの　かず① 61ページ

❶ (1) 13　(2) 17　(3) 14
(4) 16　(5) 20

❷ (1) 11―12―13―14―15
(2) 16―17―18―19―20

(1) 1　(2) 3　(3) 5
(4) 2　(5) 0　(6) 5

間違えたら、解き直しましょう。

ポイント

❶10といくつを合わせた数を書きます。
(1)「10と3で13」です。丁寧に書くと、「10を1つと1を3つ合わせた数は13です」となります。
(5)「10と10で20」です。このとき、十の位の2は、「10が2つある」という意味です。この後、100までの数を学習する際に必要な考え方です。
1つ1つ丁寧に取り組ませましょう。

31 20までの　かず② 63ページ

❶ (1) 14　(2) 17　(3) 15
(4) 16　(5) 15

❷ (1) 8―9―10―11―12
(2) 13―12―11―10―9

(1) 2　(2) 0　(3) 7
(4) 3　(5) 3　(6) 4

間違えたら、解き直しましょう。

ポイント

❶13から18まで小さい順に並んでいるので、右方向へは1ずつ大きくなり、左方向へは1ずつ小さくなります。
❷(2)大きい順に答える問題なので、間違えないように気を付けさせましょう。
すぐに答えが求められない場合には、おはじきなどを使って取り除く場面を想像させましょう。

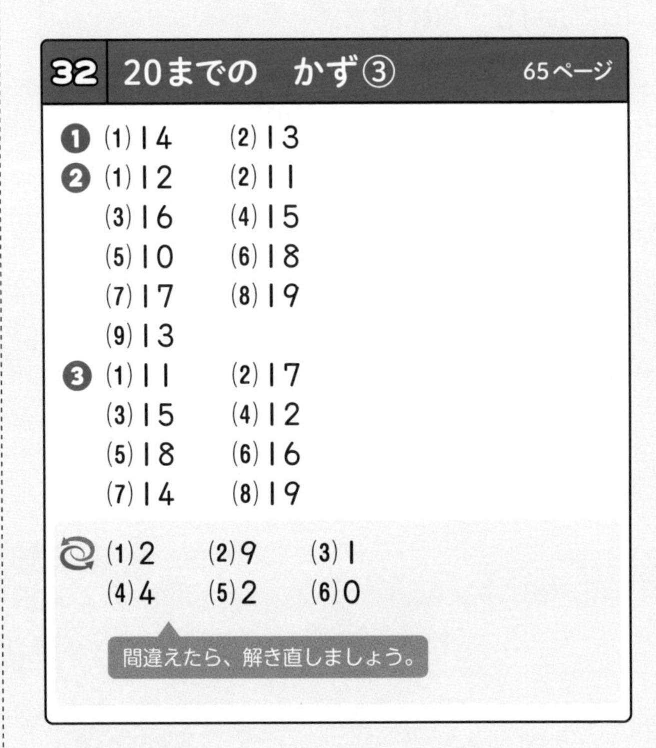

32 20までの　かず③ 65ページ

❶ (1) 14　(2) 13
❷ (1) 12　(2) 11
(3) 16　(4) 15
(5) 10　(6) 18
(7) 17　(8) 19
(9) 13
❸ (1) 11　(2) 17
(3) 15　(4) 12
(5) 18　(6) 16
(7) 14　(8) 19

(1) 2　(2) 9　(3) 1
(4) 4　(5) 2　(6) 0

間違えたら、解き直しましょう。

ポイント

❶(1)「10と4で14」を式で表すと「10＋4＝14」になることを確認させます。
❷10といくつのたし算です。
❸いくつと10のたし算です。10といくつと同じ考え方になります。
1つ1つ丁寧に取り組ませましょう。

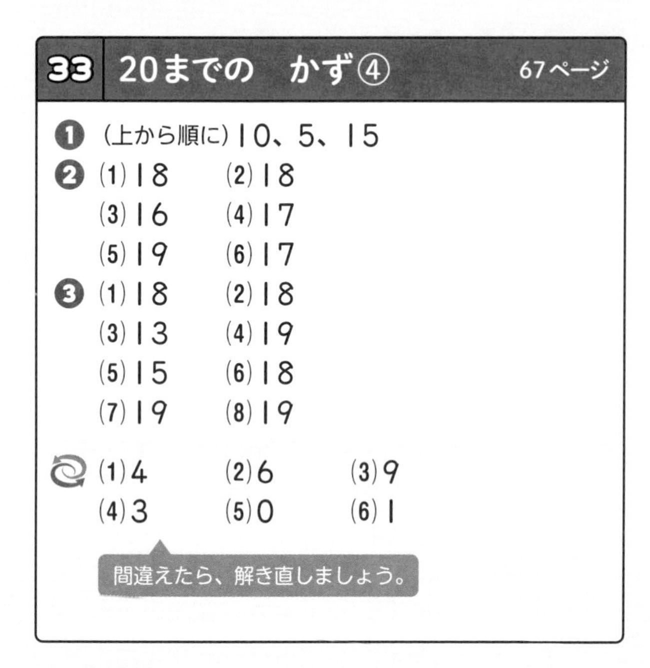

33 20までの　かず④　67ページ

❶ (上から順に)10、5、15

❷ (1)18　(2)18
(3)16　(4)17
(5)19　(6)17

❸ (1)18　(2)18
(3)13　(4)19
(5)15　(6)18
(7)19　(8)19

(1)4　(2)6　(3)9
(4)3　(5)0　(6)1

間違えたら、解き直しましょう。

ポイント

❶図からわかるように、10はそのままで、一の位の数を計算すればよいことに気づかせましょう。
❷繰り上がりのない2けた＋1けたの計算です。
1つ1つ丁寧に取り組ませましょう。

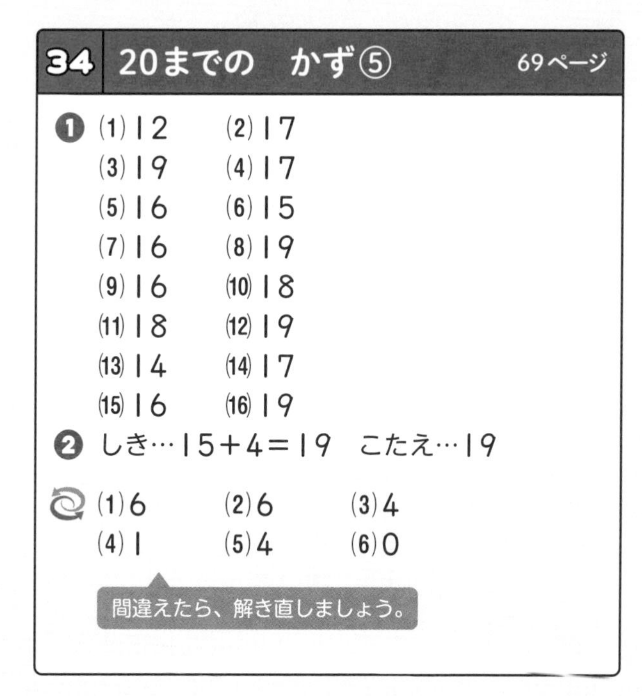

34 20までの　かず⑤　69ページ

❶ (1)12　(2)17
(3)19　(4)17
(5)16　(6)15
(7)16　(8)19
(9)16　(10)18
(11)18　(12)19
(13)14　(14)17
(15)16　(16)19

❷ しき…15+4=19　こたえ…19

(1)6　(2)6　(3)4
(4)1　(5)4　(6)0

間違えたら、解き直しましょう。

ポイント

❶繰り上がりのないたし算です。10はそのままで、一の位だけ計算します。
❷「ぜんぶで　いくつ」なので、たし算です。
1つ1つ丁寧に取り組ませましょう。

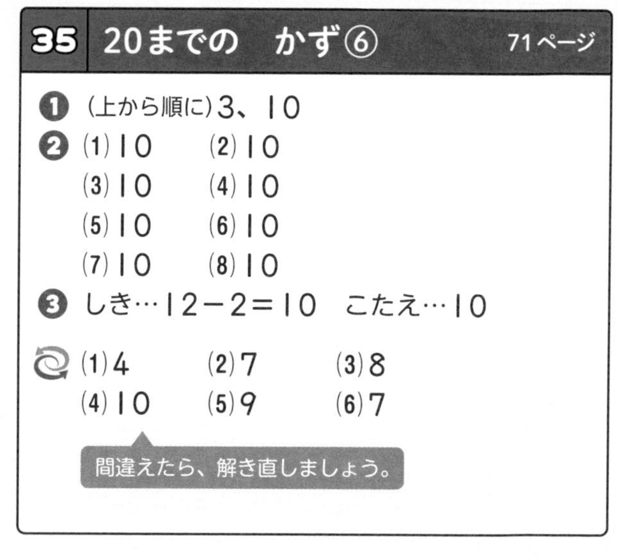

35 20までの　かず⑥　71ページ

❶ (上から順に)3、10

❷ (1)10　(2)10
(3)10　(4)10
(5)10　(6)10
(7)10　(8)10

❸ しき…12−2=10　こたえ…10

(1)4　(2)7　(3)8
(4)10　(5)9　(6)7

間違えたら、解き直しましょう。

ポイント

❶図からわかるように、「10といくつ」から「いくつ」をとるので、答えは10になります。
❷ ❶の練習で、答えはすべて10です。
❸ ❶の練習で、答えは10になります。
ひき算の問題と勘違いしないように、式を確認してから計算させましょう。

36 20までの　かず⑦　73ページ

❶ (上から順に) 10、1、11

❷ (1) 14　(2) 14
(3) 16　(4) 11
(5) 14　(6) 12

❸ (1) 11　(2) 12
(3) 11　(4) 13
(5) 13　(6) 16
(7) 15　(8) 14

(1) 7　(2) 9　(3) 4
(4) 6　(5) 6　(6) 8

間違えたら、解き直しましょう。

ポイント

❶図からわかるように、10はそのままで、一の位の数を計算すればよいことに気付かせましょう。
❷繰り下がりのない2けた－1けたの計算です。
1つ1つ丁寧に取り組ませましょう。

37 20までの　かず⑧　75ページ

❶ (1) 12　(2) 13
(3) 15　(4) 12
(5) 13　(6) 15
(7) 11　(8) 16
(9) 13　(10) 15
(11) 12　(12) 13
(13) 14　(14) 11
(15) 11　(16) 12

❷ しき…19－5＝14　こたえ…14

(1) 6　(2) 8　(3) 10
(4) 7　(5) 1　(6) 10

間違えたら、解き直しましょう。

ポイント

❶繰り下がりのないひき算です。10はそのままで、一の位だけ計算します。
❷「ちがいは　いくつ」なので、ひき算です。
ひき算の問題として計算していないか、最後に確認させましょう。

38 まとめの　テスト⑧　77ページ

❶ (1) 13　(2) 11
(3) 12　(4) 16
(5) 13　(6) 11
(7) 19　(8) 17
(9) 17　(10) 16
(11) 11　(12) 13
(13) 15　(14) 15
(15) 13　(16) 17

❷ しき…16－5＝11　こたえ…11
❸ しき…14＋4＝18　こたえ…18

ポイント

❶繰り上がりや繰り下がりがないたし算、ひき算です。10はそのままで、一の位を計算します。
❷「ちがいは　いくつ」なので、ひき算です。
❸「ぜんぶで　いくつ」なので、たし算です。

39 まとめの　テスト⑨　79ページ

❶ (1) 14　(2) 12
(3) 18　(4) 12
(5) 14　(6) 18
(7) 15　(8) 16
(9) 12　(10) 17
(11) 16　(12) 15
(13) 12　(14) 14
(15) 19　(16) 12

❷ しき…12＋7＝19　こたえ…19
❸ しき…18－6＝12　こたえ…12

ポイント

❶前回の反復練習です。たし算とひき算を間違えないように注意させましょう。

❷「ぜんぶで　いくつ」なので、たし算です。
❸「のこりは　いくつ」なので、ひき算です。

40 3つの　かずの　けいさん① 81ページ

❶ (上から順に) 7、9

❷ (1) 6　(2) 6
(3) 8　(4) 8
(5) 10　(6) 6
(7) 7　(8) 10
(9) 9　(10) 7

❸ (1) 15　(2) 19
(3) 13　(4) 16
(5) 16　(6) 18
(7) 14　(8) 12

(1) 15　(2) 11　(3) 18

間違えたら、解き直しましょう。

ポイント

❶3+4+2は、まず、3+4を計算します。その答えである7に2をたします。書き方で注意するのは、

　3+4=7+2=9　…×

と書くと間違いになることです。式の左端と右端を見ると、「3+4=9」になってしまうからです。

また、

　3+4+2=7+2=9

と、横に続けて書いてもよいのですが、将来、かっこのある計算や、四則混合計算の際には、「=」を縦にそろえて書くことになりますから、改行して、

　3+4+2=7+2
　　　　=9

と書くようにさせましょう。

❷3つの5までの数のたし算です。❶に従って前から順に、丁寧に計算させましょう。

❸前から計算すると10のまとまりができます。あとは32回の問題と同じように計算できます。

「10」と「いくつ」を合わせた数を書きます。

41 3つの　かずの　けいさん② 83ページ

❶ (1) 9　(2) 9
(3) 6　(4) 6
(5) 8　(6) 7
(7) 10　(8) 9
(9) 9　(10) 7
(11) 10　(12) 7
(13) 8　(14) 8
(15) 9　(16) 10

❷ (1) 17　(2) 12
(3) 13　(4) 18
(5) 15　(6) 17
(7) 11　(8) 16
(9) 14　(10) 19

(1) 17　(2) 14

間違えたら、解き直しましょう。

ポイント

❶3つの数の計算は、必ず、前の2つの数から先に計算させましょう。

❷前の2つの数で10のまとまりができる問題です。

つまずいてしまう場合には、数直線(かずのせん)をかいて考えさせましょう。

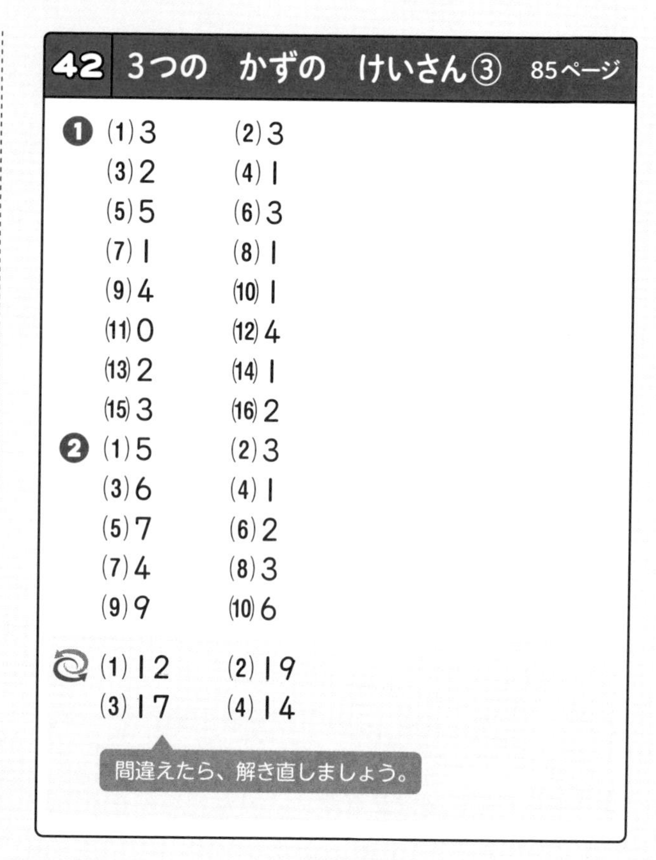

42 3つの　かずの　けいさん③ 85ページ

❶ (1) 3　(2) 3
(3) 2　(4) 1
(5) 5　(6) 3
(7) 1　(8) 1
(9) 4　(10) 1
(11) 0　(12) 4
(13) 2　(14) 1
(15) 3　(16) 2

❷ (1) 5　(2) 3
(3) 6　(4) 1
(5) 7　(6) 2
(7) 4　(8) 3
(9) 9　(10) 6

(1) 12　(2) 19
(3) 17　(4) 14

間違えたら、解き直しましょう。

ポイント

❶2回ひき算をするパターンの問題です。このパターンでも前から順に、丁寧に計算させましょう。

❷前の2つの数で10のまとまりができる問題です。

10に1けたの数、または、1けたの数に10をたすので、1けたの数がそのまま一の位の数になります。

43 3つの かずの けいさん④ 87ページ

❶ (1) 4 (2) 1
(3) 3 (4) 3
(5) 2 (6) 1
(7) 2 (8) 1
(9) 4 (10) 0
(11) 6 (12) 2
(13) 2 (14) 3
(15) 1 (16) 6

❷ (1) 5 (2) 5
(3) 1 (4) 9
(5) 2 (6) 8
(7) 6 (8) 6
(9) 3 (10) 4

(1) 17 (2) 14
(3) 19 (4) 17

間違えたら、解き直しましょう。

ポイント

❶❷42回と同じ内容です。しっかりと定着させるため、繰り返し問題に挑戦させましょう。

一の位の数に着目して計算させましょう。

44 3つの かずの けいさん⑤ 89ページ

❶ (1) 5 (2) 4
(3) 7 (4) 5
(5) 3 (6) 3
(7) 5 (8) 2
(9) 8 (10) 9
(11) 6 (12) 6
(13) 7 (14) 10
(15) 9 (16) 4

❷ (1) 7 (2) 11
(3) 1 (4) 19
(5) 6 (6) 14
(7) 8 (8) 12
(9) 2 (10) 18

(1) 16 (2) 14
(3) 18 (4) 19

間違えたら、解き直しましょう。

ポイント

❶たし算とひき算が混じったパターンの問題です。前から丁寧に計算させましょう。

❷前の2つの数で10のまとまりができる問題です。たし算かひき算か見間違えないように、注意させましょう。

一の位の数に着目して計算させましょう。

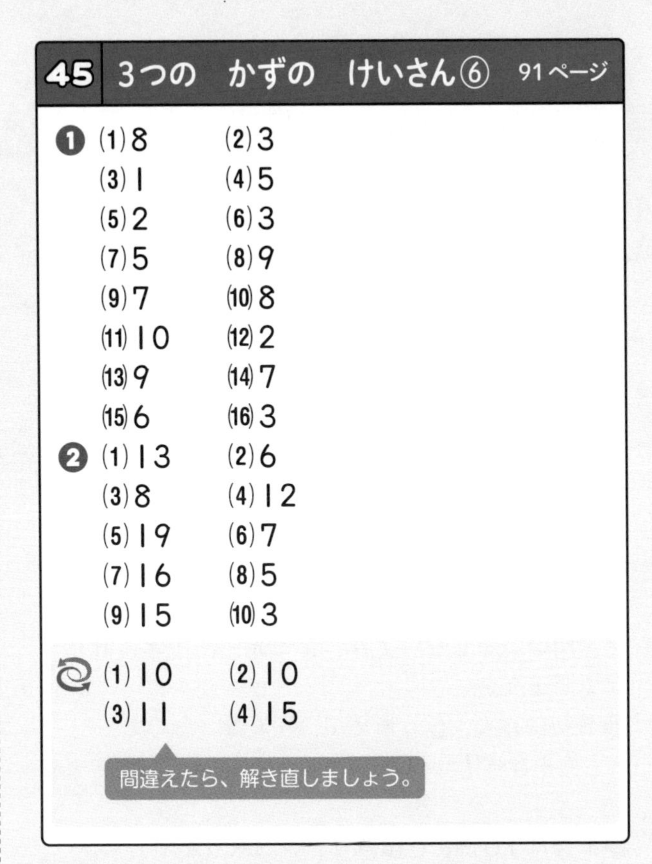

45 3つの かずの けいさん⑥ 91ページ

❶ (1) 8 (2) 3
(3) 1 (4) 5
(5) 2 (6) 3
(7) 5 (8) 9
(9) 7 (10) 8
(11) 10 (12) 2
(13) 9 (14) 7
(15) 6 (16) 3

❷ (1) 13 (2) 6
(3) 8 (4) 12
(5) 19 (6) 7
(7) 16 (8) 5
(9) 15 (10) 3

(1) 10 (2) 10
(3) 11 (4) 15

間違えたら、解き直しましょう。

ポイント

❶❷44回と同じ内容です。しっかりと定着させるため、繰り返し問題に挑戦させましょう。

一の位の数に着目して計算させましょう。

46 まとめの　テスト⑩　93ページ

❶ (1) 13　(2) 7
(3) 5　(4) 1
(5) 19　(6) 6
(7) 3　(8) 9
(9) 0　(10) 3
(11) 12　(12) 5
(13) 3　(14) 16
(15) 7　(16) 1

❷ しき…4+6−7=3　こたえ…3

❸ しき…16−6−4=6　こたえ…6

ポイント

❶いろいろなパターンの問題が混じっています。計算間違いをしないよう、よく見て、丁寧に計算させましょう。

❷最初は4人、6人増えて、7人減ったので、

4+6−7=10−7
　　　=3

❸最初は16個、6個減り、4個減ったので、

16−6−4=10−4
　　　=6

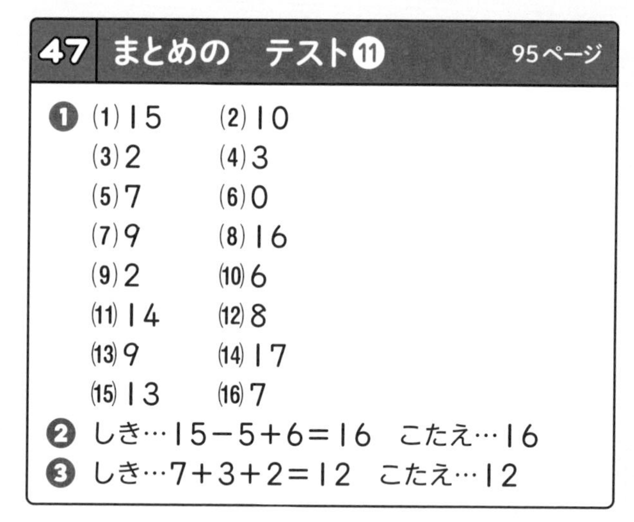

47 まとめの　テスト⑪　95ページ

❶ (1) 15　(2) 10
(3) 2　(4) 3
(5) 7　(6) 0
(7) 9　(8) 16
(9) 2　(10) 6
(11) 14　(12) 8
(13) 9　(14) 17
(15) 13　(16) 7

❷ しき…15−5+6=16　こたえ…16

❸ しき…7+3+2=12　こたえ…12

ポイント

❶前回の反復練習です。10のまとまりをつくることは、この後の繰り上がりのあるたし算、繰り下がりのあるひき算につながる内容ですので、しっかり復習させましょう。

❷最初は15個、5個減って、6個増えたので、

15−5+6=10+6
　　　=16

❸7枚と3枚、2枚を合わせるので、

7+3+2=10+2
　　　=12

48 パズル③　97ページ

❶
(1) 1 → 10 → 12 → 13 → 11
(2) 8 → 5 → 10 → 2 → 6
(3) 6 → 10 → 17 → 12 → 10
(4) 10 → 5 → 8 → 10 → 14
(5) 16 → 14 → 10 → 3 → 8
(6) 12 → 15 → 17 → 11 → 16
(7) 13 → 10 → 4 → 6 → 9
(8) 8 → 10 → 13 → 12 → 17
(9) 9 → 6 → 10 → 15 → 11
(10) 18 → 10 → 4 → 5 → 10

ポイント

❶ここまでに学習したたし算、ひき算を繰り返す計算パズルです。各問題とも、4回計算しますが、最初で間違うと、その問題の最後まで不正解となるので、丁寧に計算させましょう。
また、途中で2けたになったり1けたになったりしていますが、繰り上がりや繰り下がりは未習ですので、必ず10を経由します。そうならない場合は計算間違いですので、よく見直しをさせてください。

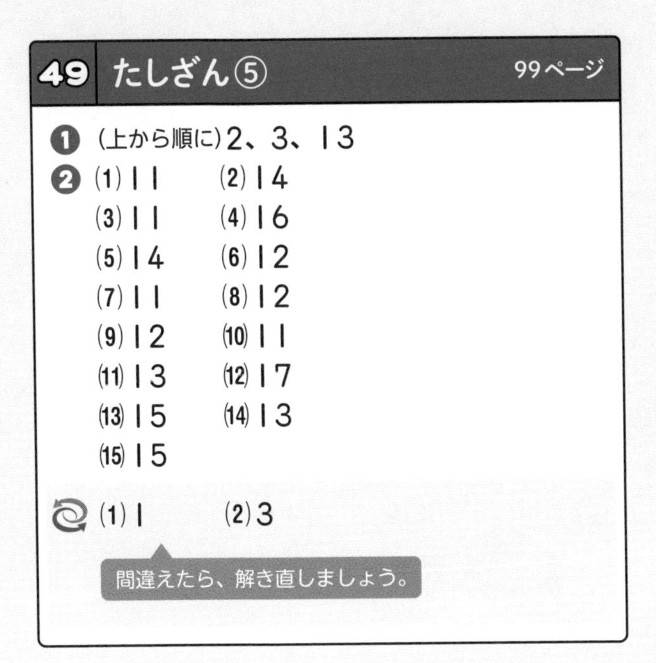

49 たしざん⑤ 99ページ

❶ (上から順に)2、3、13

❷ (1)11　(2)14
(3)11　(4)16
(5)14　(6)12
(7)11　(8)12
(9)12　(10)11
(11)13　(12)17
(13)15　(14)13
(15)15

(1)1　(2)3

間違えたら、解き直しましょう。

ポイント

❶繰り上がりのあるたし算の仕方を説明するための問題です。この回の問題は、「たされる数を10にするために、あといくつ必要か」を考えて計算します。

①たされる数の8を10にするには、あと2が必要です。

②たす数の5を、2と3に分けます。

③10と3で13になります。途中計算を詳しく書くと、

$$\begin{aligned} 8+5 &= 8+(2+3) \\ &= (8+2)+3 \\ &= 10+3 \\ &= 13 \end{aligned}$$

となりますが、かっこのある計算や、

$$a+(b+c)=(a+b)+c$$

という結合法則は、2年の学習内容なので、ここでは、詳しい式変形はさせずに、●が10個になるようにくふうして計算させてください。

❷たす数よりたされる数の方が大きいので、たされる数を10にするようにくふうさせてください。

前から順に丁寧に計算させましょう。

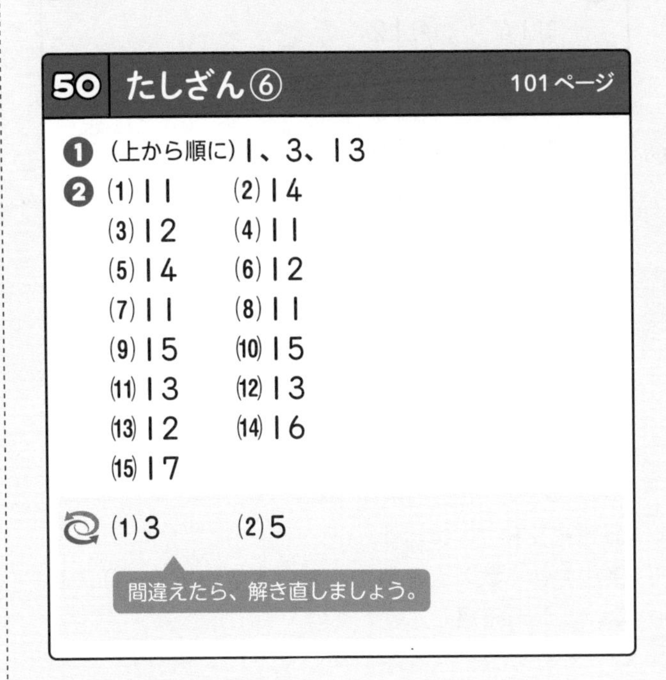

50 たしざん⑥ 101ページ

❶ (上から順に)1、3、13

❷ (1)11　(2)14
(3)12　(4)11
(5)14　(6)12
(7)11　(8)11
(9)15　(10)15
(11)13　(12)13
(13)12　(14)16
(15)17

(1)3　(2)5

間違えたら、解き直しましょう。

ポイント

❶この回の問題は、たす数の方が大きいので、「たす数を10にするために、あといくつ必要か」を考えて計算します。

①たす数の9を10にするには、あと1が必要です。

②たされる数の4を、9を10にするために必要な1と3に分けます。

③10と3で13になります。

❷計算の練習をします。

前から順に丁寧に計算させましょう。

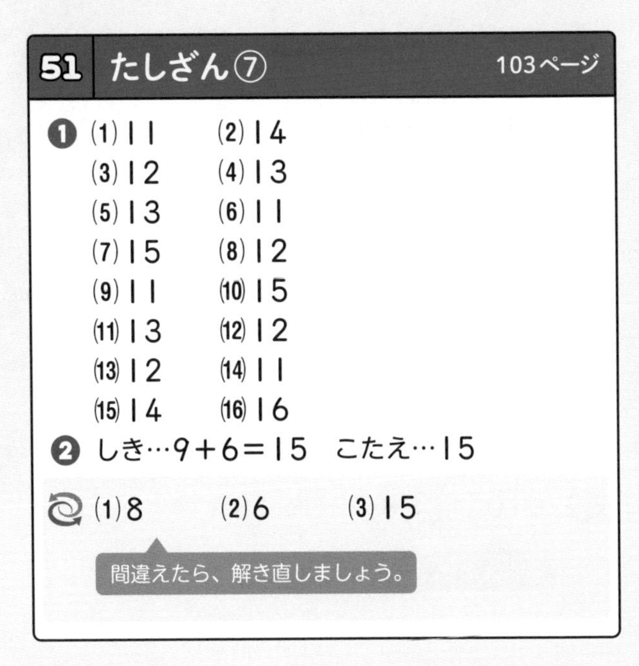

51 たしざん⑦ 103ページ

❶ (1)11　(2)14
(3)12　(4)13
(5)13　(6)11
(7)15　(8)12
(9)11　(10)15
(11)13　(12)12
(13)12　(14)11
(15)14　(16)16

❷ しき…9+6=15　こたえ…15

(1)8　(2)6　(3)15

間違えたら、解き直しましょう。

ポイント

❶たされる数とたす数のどちらを10にするのが簡単かを考えさせましょう。

❷「あわせて　いくつ」なので、たし算です。

たすのか、ひくのか、式をしっかりと確認して、見間違えないように注意させましょう。

52 たしざん⑧　105ページ

❶ (1) 11　(2) 13
(3) 11　(4) 16
(5) 12　(6) 11
(7) 17　(8) 14
(9) 12　(10) 11
(11) 14　(12) 12
(13) 15　(14) 13
(15) 14　(16) 18

❷ しき…8＋8＝16　こたえ…16

(1) 10　(2) 8　(3) 18

間違えたら、解き直しましょう。

ポイント

❶ 1けたの2数の和が11以上になるたし算です。このようなたし算は36通りしかないので、同じ問題が何回か出題されます。すぐに答えが出せるようになるまで、しっかり練習させましょう。
❷「ぜんぶで　いくつ」なので、たし算です。
計算ミスをしないよう、計算の記号に気を付けさせましょう。

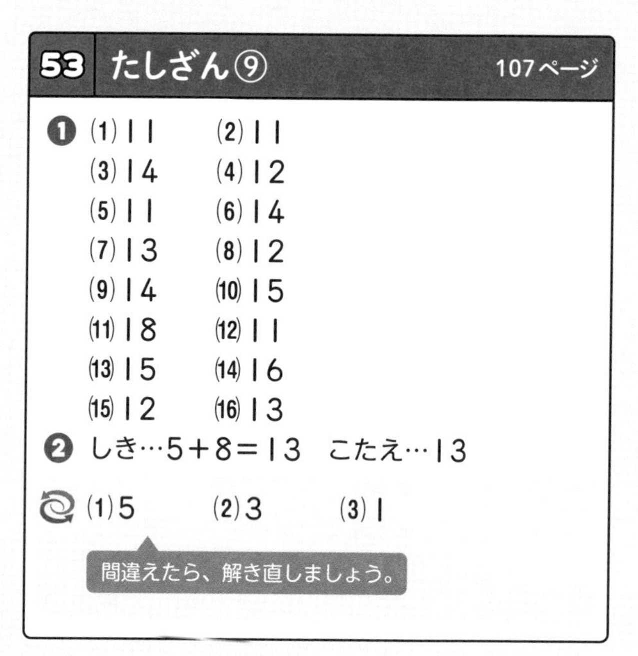

53 たしざん⑨　107ページ

❶ (1) 11　(2) 11
(3) 14　(4) 12
(5) 11　(6) 14
(7) 13　(8) 12
(9) 14　(10) 15
(11) 18　(12) 11
(13) 15　(14) 16
(15) 12　(16) 13

❷ しき…5＋8＝13　こたえ…13

(1) 5　(2) 3　(3) 1

間違えたら、解き直しましょう。

ポイント

❶たされる数とたす数のうち、大きい方を10にしているか、確認してください。
❷「あわせて　いくつ」なので、たし算です。
たすのか、ひくのか、式をしっかりと確認して、見間違えないように注意させましょう。

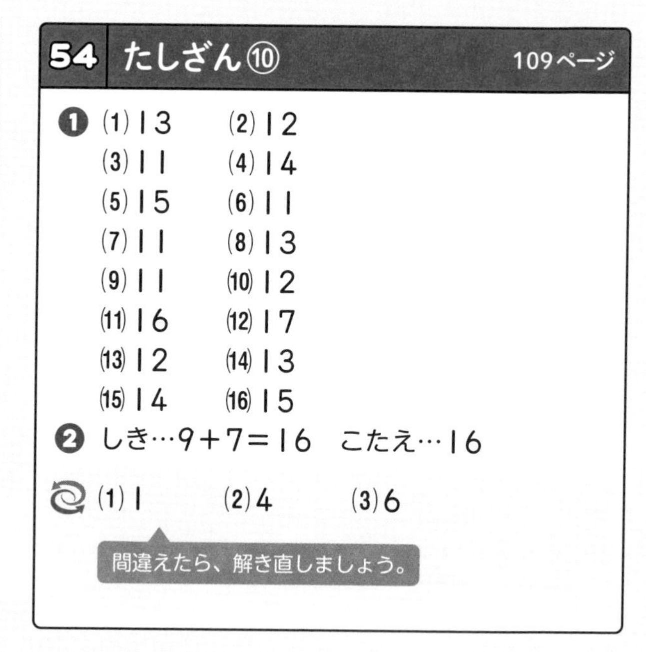

54 たしざん⑩　109ページ

❶ (1) 13　(2) 12
(3) 11　(4) 14
(5) 15　(6) 11
(7) 11　(8) 13
(9) 11　(10) 12
(11) 16　(12) 17
(13) 12　(14) 13
(15) 14　(16) 15

❷ しき…9＋7＝16　こたえ…16

(1) 1　(2) 4　(3) 6

間違えたら、解き直しましょう。

ポイント

❶計算に時間がかかるようなら、「いくつと　いくつ」と「3つの　かずの　けいさん」を復習させてください。
❷「ぜんぶで　いくつ」なので、たし算です。
計算ミスをしないよう、計算の記号に気を付けさせましょう。

55 まとめの　テスト⑫　111ページ

❶ (1) 13　(2) 14
(3) 15　(4) 11
(5) 12　(6) 14
(7) 16　(8) 11
(9) 14　(10) 13
(11) 12　(12) 17
(13) 11　(14) 12
(15) 12　(16) 15

❷ しき…6＋5＝11　こたえ…11
❸ しき…7＋8＝15　こたえ…15

ポイント

❶繰り上がりのあるたし算のまとめです。文章題も含めて、2回分で36通りすべての計算練習ができます。しっかり復習させましょう。
❷「あわせて　いくつ」なので、たし算です。
❸「ぜんぶで　いくつ」なので、たし算です。

56 まとめの　テスト⑬　113ページ

❶ (1) 12　(2) 16
(3) 12　(4) 11
(5) 11　(6) 14
(7) 12　(8) 13
(9) 13　(10) 11
(11) 15　(12) 16
(13) 13　(14) 14
(15) 11　(16) 18

❷ しき…8＋9＝17　こたえ…17
❸ しき…9＋4＝13　こたえ…13

ポイント

❶前回と同様の計算練習です。
1けたの2数の和を表にすると、次のようになります。

	1	2	3	4	5	6	7	8	9
1	2	3	4	5	6	7	8	9	10
2	3	4	5	6	7	8	9	10	11
3	4	5	6	7	8	9	10	11	12
4	5	6	7	8	9	10	11	12	13
5	6	7	8	9	10	11	12	13	14
6	7	8	9	10	11	12	13	14	15
7	8	9	10	11	12	13	14	15	16
8	9	10	11	12	13	14	15	16	17
9	10	11	12	13	14	15	16	17	18

49回で説明したように、8＋5の計算の場合、
①たされる数8は、あと2で10
②たす数5を、2と3に分ける
③8と2で10をつくり、残った3をたして13
という3段階の考え方をすれば、繰り上がりのあるたし算はできますから、しっかり練習させましょう。

57 ひきざん⑤　115ページ

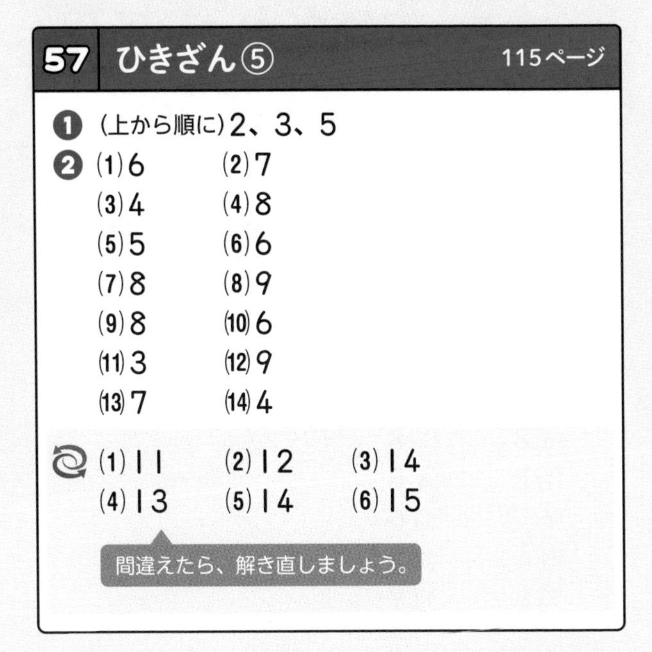

❶ (上から順に)2、3、5
❷ (1) 6　(2) 7
(3) 4　(4) 8
(5) 5　(6) 6
(7) 8　(8) 9
(9) 8　(10) 6
(11) 3　(12) 9
(13) 7　(14) 4

(1) 11　(2) 12　(3) 14
(4) 13　(5) 14　(6) 15

間違えたら、解き直しましょう。

ポイント

❶繰り下がりのあるひき算の仕方を説明するための問題です。この回では、減加法の説明をしています。これは、
① ひかれる数を10といくつに分ける
② 10からひく数をひく(減)
③ ①の「いくつ」と②の答えをたす(加)
の3段階で計算する方法です。
①ひかれる数の12を、10と2に分けます。
②2から7はひけないので、10から7をひいて3が残ります。
③2と3をたして、5になります。
途中計算を詳しく書くと、

$$\begin{aligned}12-7&=(10+2)-7\\&=2+(10-7)\\&=2+3\\&=5\end{aligned}$$

となりますが、かっこのある計算や結合法則は2年の学習内容なので、ここでは、「●の数がいくつになるか」を考えて、計算させてください。

❷(1)14−8で、4から8はひけないので、10から8をひいて2、4と2で6なので、14−8=6です。
前に学習したことを思い出させながら計算させましょう。

58 ひきざん⑥　117ページ

❶ (上から順に)2、10、8

❷ (1)7　(2)5
(3)5　(4)9
(5)8　(6)8
(7)8　(8)8
(9)7　(10)6
(11)4　(12)2
(13)6　(14)9

(1)14　(2)11　(3)13
(4)15　(5)11　(6)14

間違えたら、解き直しましょう。

ポイント

❶この回では、減々法の説明をしています。これは、

① ひく数を、「ひかれる数の一の位の数」といくつに分ける

② ひかれる数から、その一の位の数をひいて10にする(減)

③ 10から①の「いくつ」をひく(減)

の3段階で計算する方法です。

❷(1)8は5と3なので、15から5をひいて10、10から3をひいて7になります。
この回のメインがひき算の問題ですので、間違って計算しないように気を付けさせましょう。

59 ひきざん⑦　119ページ

❶ (1)9　(2)8
(3)6　(4)5
(5)7　(6)8
(7)9　(8)7
(9)4　(10)7
(11)5　(12)8
(13)9　(14)8
(15)5　(16)3

❷ しき…17−9=8　こたえ…8

(1)15　(2)12　(3)13
(4)16　(5)11　(6)15

間違えたら、解き直しましょう。

ポイント

❶11から18までの数から1けたの数をひく、繰り下がりのあるひき算です。このようなひき算は36通りしかないので、この後、同じ問題が何回か出題されます。すぐに答えが出せるようになるまで、しっかり練習させましょう。
計算方法として、減加法と減々法のどちらがよい、ということはありません。教科書でも両方を教えています。子どもにとって、どちらがわかりやすいか、ということが一番大事です。両方の方法を身に付けさせるより、子どもが納得できる方できちんと計算できるように、十分練習させましょう。
ちなみに、そろばんでの計算は減加法です。

❷「のこりは　いくつ」なので、ひき算です。
答えが合っているかを確かめる方法は、2年の学習内容ですが、繰り上がりのあるたし算の復習をかねて、教えておくのもよいでしょう。
　17−9=8の答えの確かめは、8+9=17
確かめ方は
　(ひき算の答え)+(ひく数)=(ひかれる数)
です。
繰り上がりの計算はとても大切です。繰り返し問題を解いて、慣れさせましょう。

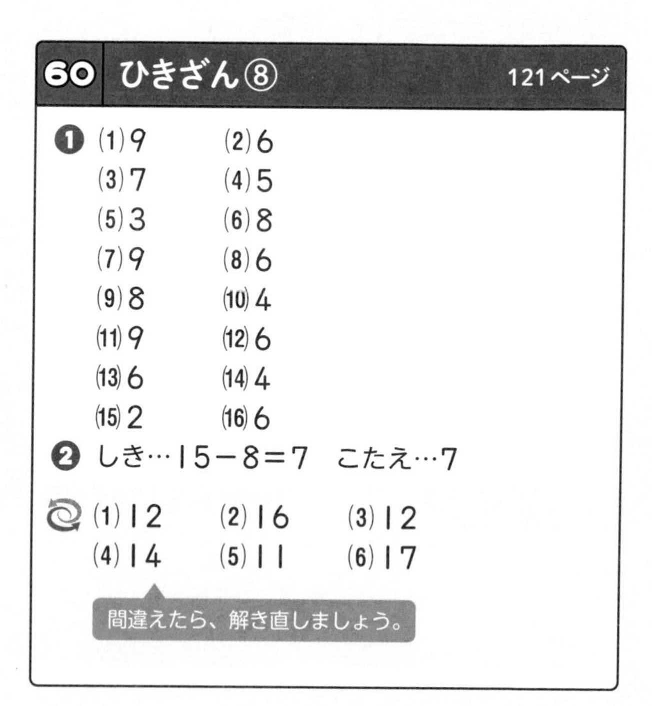

60 ひきざん⑧　121ページ

❶ (1)9　(2)6
(3)7　(4)5
(5)3　(6)8
(7)9　(8)6
(9)8　(10)4
(11)9　(12)6
(13)6　(14)4
(15)2　(16)6

❷ しき…15−8=7　こたえ…7

(1)12　(2)16　(3)12
(4)14　(5)11　(6)17

間違えたら、解き直しましょう。

ポイント

❶繰り下がりのあるひき算の計算練習です。計算に時間がかかるようなら、「いくつと　いくつ」や「3つの　かずの　けいさん」の復習をさせてください。

❷「のこりは　いくつ」なので、ひき算です。
1問1問確認しながら、丁寧に解かせましょう。

61 ひきざん⑨ 123ページ

❶ ⑴5 ⑵2
⑶9 ⑷8
⑸7 ⑹5
⑺9 ⑻8
⑼5 ⑽9
⑾7 ⑿8
⒀9 ⒁5
⒂8 ⒃4

❷ しき…14－8＝6 こたえ…6

⑴12 ⑵11 ⑶11
⑷17 ⑸12 ⑹16

間違えたら、解き直しましょう。

ポイント

❶きちんと計算できるまで、しっかり反復練習させましょう。

❷「ちがいは いくつ」なので、ひき算です。「8－14＝6」と書いていないか、注意して見てください。

繰り上がりの計算を忘れないように、繰り返し練習させましょう。

62 ひきざん⑩ 125ページ

❶ ⑴6 ⑵3
⑶7 ⑷8
⑸9 ⑹3
⑺8 ⑻6
⑼9 ⑽7
⑾4 ⑿9
⒀7 ⒁6
⒂6 ⒃9

❷ しき…16－9＝7 こたえ…7

⑴13 ⑵11 ⑶13
⑷18 ⑸12 ⑹13

間違えたら、解き直しましょう。

ポイント

❶減加法、減々法のどちらの方法でも、3段階の手順できちんと計算できているか、確認してください。

❷「のこりは いくつ」で求められるので、ひき算です。

前よりも間違いが減ってきたら、大いにほめてあげましょう。

63 まとめの テスト⑭ 127ページ

❶ ⑴7 ⑵9
⑶3 ⑷6
⑸9 ⑹5
⑺4 ⑻9
⑼9 ⑽6
⑾5 ⑿8
⒀9 ⒁3
⒂8 ⒃6

❷ しき…11－7＝4 こたえ…4

❸ しき…12－5＝7 こたえ…7

ポイント

❶繰り下がりのあるひき算のまとめです。文章題も含めて、2回分で36通りすべての計算練習ができます。しっかり復習させましょう。

❷「のこりは いくつ」なので、ひき算です。

❸「のこりは いくつ」なので、ひき算です。

64 まとめの テスト⑮ 129ページ

❶ ⑴8 ⑵6
⑶7 ⑷4
⑸8 ⑹5
⑺7 ⑻8
⑼8 ⑽9
⑾9 ⑿7
⒀2 ⒁8
⒂6 ⒃7

❷ しき…14－9＝5 こたえ…5

❸ しき…13－4＝9 こたえ…9

ポイント
❶前回と同様の計算練習です。1年の計算問題の中で、最も大事なところですので、しっかり復習させましょう。
❷「ちがいは　いくつ」なので、ひき算です。
❸「のこりは　いくつ」なので、ひき算です。

65 たしざんと　ひきざん③　131ページ

❶ (1) 11　(2) 9
(3) 6　(4) 13
(5) 11　(6) 15
(7) 9　(8) 8
(9) 13　(10) 4
(11) 12　(12) 9
(13) 7　(14) 14
(15) 7　(16) 16
❷ しき…15−9=6　こたえ…6
しき…7+5=12　こたえ…12
間違えたら、解き直しましょう。

ポイント
❶繰り上がりのあるたし算と、繰り下がりのあるひき算が混じっています。よく見て、正しく計算させましょう。
❷「ちがいは　いくつ」なので、ひき算です。式を「9−15=6」と書いていないか、注意して見てください。
問題文よりたし算で答えを求めること、繰り上がりの計算ができていることを確認してください。

66 たしざんと　ひきざん④　133ページ

❶ (1) 13　(2) 11
(3) 9　(4) 6
(5) 11　(6) 5
(7) 9　(8) 12
(9) 8　(10) 7
(11) 12　(12) 14
(13) 5　(14) 11
(15) 12　(16) 7
❷ しき…8+6=14　こたえ…14
しき…13−7=6　こたえ…6
間違えたら、解き直しましょう。

ポイント
❶繰り上がりのあるたし算と、繰り下がりのあるひき算が混じっています。間違えないように、注意させましょう。
❷「ぜんぶで　いくつ」なので、たし算です。
問題文よりひき算で答えを求めること、繰り下がりの計算ができていることを確認してください。

67 パズル④　135ページ

❶
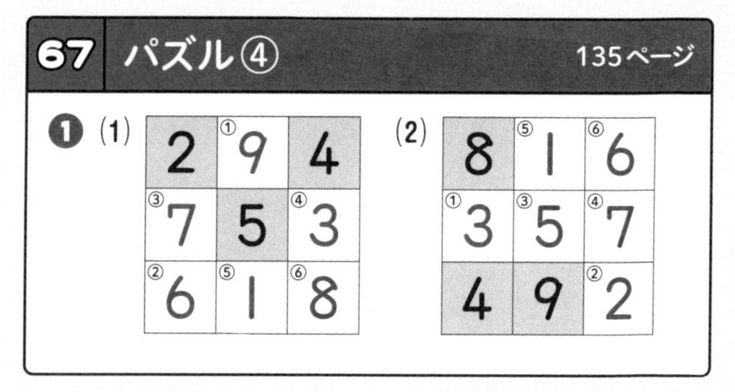

ポイント
❶魔方陣の問題です。縦、横、ななめに並ぶ3つの数の和が15とわかっていますから、それをもとにして計算します。
(1)① 15−2−4=13−4　←横
=9
② 15−4−5=11−5　←ななめ
=6
③ 15−2−6=13−6　←縦
=7
④ 15−7−5=8−5　←横
=3
⑤ 15−9−5=6−5　←縦
=1
⑥ 15−6−1=9−1　←横
=8
または、縦の3つの数で、
15−4−3=11−3
=8

(2)① 15−8−4=7−4　←縦
　　=3
② 15−4−9=11−9　←横
　　=2
③ 15−8−2=7−2　←ななめ
　　=5
④ 15−3−5=12−5　←横
　　=7
⑤ 15−5−9=10−9　←縦
　　=1
⑥ 15−8−1=7−1　←横
　　=6
　または、縦の3つの数で、
　15−7−2=8−2
　　=6

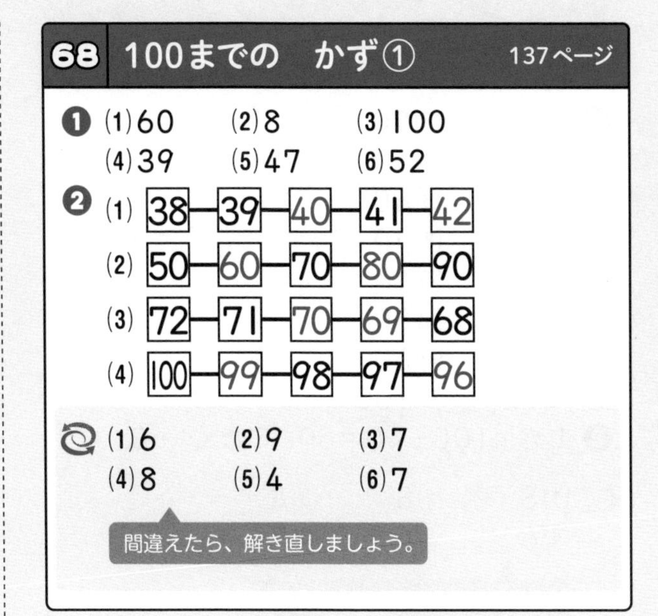

68 100までの　かず①　137ページ

❶ (1)60　(2)8　(3)100
(4)39　(5)47　(6)52

❷ (1) 38−39−40−41−42
(2) 50−60−70−80−90
(3) 72−71−70−69−68
(4) 100−99−98−97−96

(1)6　(2)9　(3)7
(4)8　(5)4　(6)7

間違えたら、解き直しましょう。

ポイント

❶2けたの数は、10がいくつと1がいくつあるかで表します。十の位、一の位の数は、それぞれ、
　十の位の数…10がいくつあるか
　一の位の数…1がいくつあるか
を表します。
(1)10が6個なので、十の位は6です。1はありませんから、「何もないことを表す数」である0が一の位です。よって、60になります。
❷すでに□に入っている数を見て、規則性を考えさせます。
(1)38から始まって、1ずつ増えます。
(2)50から始まって、10ずつ増えます。
(3)72から始まって、1ずつ減ります。
(4)100から始まって、1ずつ減ります。
前に学習したことを思い出させながら計算させましょう。

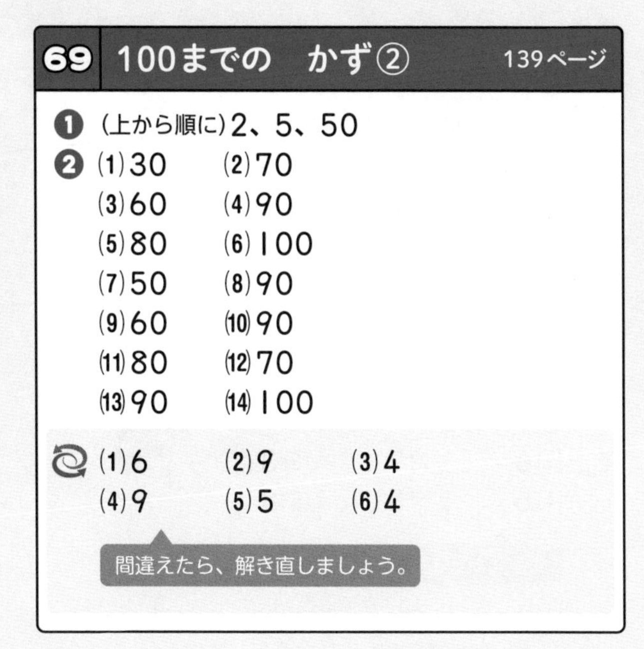

69 100までの　かず②　139ページ

❶ (上から順に)2、5、50
❷ (1)30　(2)70
(3)60　(4)90
(5)80　(6)100
(7)50　(8)90
(9)60　(10)90
(11)80　(12)70
(13)90　(14)100

(1)6　(2)9　(3)4
(4)9　(5)5　(6)4

間違えたら、解き直しましょう。

ポイント

❶何十と何十の和の求め方を説明する問題です。10がいくつあるか、を考えます。10円玉を用いて考えるのが効果的です。
①たされる数とたす数が、それぞれ10がいくつあるかを考えます。
②合わせると、10がいくつになるか求めます。
③結果を式に表します。
❷ ❶で考えた3段階の手順で求めます。
(4)70+20について、
　70は10が7こ、20は10が2こ
　合わせると、10が9こで、90
　だから、70+20=90
という手順で求めます。
(6)10が10こで、100です。
繰り下がりの計算はとても大切です。繰り返し問題を解いて、慣れさせましょう。

70 100までの　かず③　141ページ

❶ (上から順に)4、2、20

❷ (1)10　(2)40
(3)30　(4)20
(5)10　(6)50
(7)10　(8)20
(9)30　(10)50
(11)20　(12)30
(13)10　(14)40

(1)6　(2)7　(3)3
(4)5　(5)8　(6)8

間違えたら、解き直しましょう。

ポイント

❶何十と何十の差の求め方を説明する問題です。ひくと、10がいくつになるか、を考えます。ここでも、10円玉の利用が効果的です。
①ひかれる数とひく数が、それぞれ10がいくつあるかを考えます。
②ひくと、10がいくつになるかを求めます。
③結果を式に表します。
❷ ❶で考えた3段階の手順で求めます。
(6)90−40について、
　90は10が9こ、40は10が4こ、
　ひくと、10が5こで、50
　だから、90−40=50
という手順で求めます。
繰り返し問題を解いて、繰り下がりの計算に慣れさせましょう。

71 100までの　かず④　143ページ

❶ (1)40　(2)70
(3)60　(4)10
(5)50　(6)40
(7)10　(8)90
(9)30　(10)40
(11)70　(12)80
(13)20　(14)60
(15)20　(16)100

❷ しき…100−40=60　こたえ…60

(1)8　(2)8　(3)8
(4)6　(5)4　(6)7

間違えたら、解き直しましょう。

ポイント

❶何十と何十の和や差を求める問題です。10がいくつになるか、と考えれば、結局15〜18回や21〜24回で学んだ「和が10以下のたし算」「10以下の2数のひき算」と同じで、「一の位に0をつけるだけ」になっています。
同様に考えると、何百と何百の和や差を求めるには、100がいくつになるかを考えればよいこともわかりますが、100を超えて1000までの数については、2年の学習内容です。
また、繰り上がりや繰り下がりについて、49〜54回や57〜62回で学習しているので、70+80=150や120−90=30といった問題も解けそうですが、いずれも2年の学習内容です。
❷「のこりは　いくつ」なので、ひき算です。
繰り返し問題を解いて、繰り下がりの計算に慣れさせましょう。

72 100までの　かず⑤　145ページ

❶ (上から順に)30、6、36

❷ (1)23　(2)48
(3)38　(4)57
(5)26　(6)88
(7)67　(8)54
(9)86　(10)79
(11)98　(12)47
(13)37　(14)29

(1)8　(2)8　(3)9
(4)8　(5)7　(6)5

間違えたら、解き直しましょう。

ポイント

❶2けたと1けたの2数の和で、繰り上がりのない問題です。十の位の数はそのままで、一の位の数の和を求めます。
①32を、30と2に分けます。
②一の位の数2と4をたして、6になります。
③30と6を合わせて、36です。
❷ ❶で考えた3段階の手順で求めます。
(2)43+5について、
　43は、40と3
　3と5で、8
　40と8で、48
となります。
なお、繰り上がりのある計算は、2年の内容です。
1問1問確認しながら、丁寧に解かせましょう。

73 100までの　かず⑥　147ページ

❶ (上から順に)20、3、23
❷ (1)41　(2)52
(3)34　(4)63
(5)77　(6)43
(7)32　(8)43
(9)82　(10)22
(11)54　(12)95
(13)71　(14)62

(1)5　(2)6　(3)8
(4)7　(5)9　(6)8

間違えたら、解き直しましょう。

ポイント
❶2けたと1けたの2数の差で、繰り下がりのない問題です。十の位の数はそのままで、一の位の数の差を求めます。
①25を、20と5に分けます。
②一の位の数5から引く数2をひいて、3です。
③20と3を合わせて、23です。
❷ ❶で考えた3段階の手順で求めます。
(3)37−3について、
37は、30と7
7から3をひいて、4
30と4で、34
となります。
なお、繰り下がりがある計算は、2年の内容です。
繰り下がりの計算を忘れないように、何度も練習させましょう。

74 100までの　かず⑦　149ページ

❶ (1)55　(2)35
(3)41　(4)86
(5)72　(6)23
(7)69　(8)97
(9)51　(10)88
(11)57　(12)93
(13)71　(14)79
(15)87　(16)66
❷ しき…24+5=29　こたえ…29

(1)8　(2)7　(3)9
(4)7　(5)4　(6)5

間違えたら、解き直しましょう。

ポイント
❶2けたの数と1けたの数で、繰り上がりや繰り下がりがない問題です。十の位の数はそのままで、一の位の数だけを計算すればよいことを確認させてください。
❷「ぜんぶで　いくつ」なので、たし算です。
前よりも間違いが減ってきたら、大いにほめてあげましょう。

75 まとめの　テスト⑯　151ページ

❶ (1)23　(2)34
(3)24　(4)45
(5)35　(6)83
(7)95　(8)58
(9)54　(10)43
(11)64　(12)76
(13)62　(14)88
(15)99　(16)73
❷ しき…30+50=80　こたえ…80
❸ しき…47−5=42　こたえ…42

ポイント
❶たし算とひき算が混じっています。よく見て、正しく計算させましょう。
❷「あわせて　いくつ」なので、たし算です。
❸「のこりは　いくつ」なので、ひき算です。

76 まとめの　テスト⑰　153ページ

❶ (1)37　(2)26
(3)54　(4)43
(5)45　(6)64
(7)59　(8)32
(9)68　(10)82
(11)97　(12)23
(13)74　(14)87
(15)91　(16)79
❷ しき…100−70=30　こたえ…30
❸ しき…21+6=27　こたえ…27

ポイント

❶前回と同様の計算練習です。しっかり復習させましょう。

❷「おつり」は「のこり」ですから、ひき算です。

❸「ふえると　いくつ」なので、たし算です。

77 ぶんしょうだい①　155ページ

❶ しき…14−5−3=6　こたえ…6

❷ しき…12−4=8　こたえ…8

❸ しき…8+3=11　こたえ…11

(1)60　(2)80　(3)70　(4)90

間違えたら、解き直しましょう。

ポイント

❶簡単な図をかいて考えます。

あめ14個…○○○○○○○○○○○○○○

5個 あげた　3個 食べた　残り

図から、残りは、

14−5−3=9−3

=6(個)

となります。

❷「あわせて」と書いてありますが、よく読ませてください。

リンゴとミカン12個…○○○○○○○○○○○○

リンゴ 4個　ミカン

図から、ミカンの個数は、

12−4=8(個)

となります。

答えを確かめてみましょう。リンゴが4個、ミカンが8個ですから、合わせて

4+8=12(個)

となり、問題文に合っています。このような確かめも、できるようにさせましょう。

❸問題文をよく読ませます。

ジュースの方が少ない⟶お茶の方が多い

違いは3本⟶お茶の方が3本多い

となりますから、お茶の本数は、

8+3=11(本)

です。「ちがいは」とありますが、この問題ではたし算です。

答えを確かめてみましょう。ジュースが8本、お茶が11本で、ジュースの方が少なくて、違いは

11−8=3(本)

ですから、問題文に合っています。

答えの一の位の「0」を書き忘れないように、気を付けさせましょう。

78 ぶんしょうだい②　157ページ

❶ しき…9+2=11　こたえ…11

❷ しき…12−5=7　こたえ…7

❸ しき…14−5=9　こたえ…9

(1)30　(2)20　(3)10　(4)60

間違えたら、解き直しましょう。

ポイント

❶簡単な図をかいて考えます。

プリン9個…○○○○○○○○○

ゼリー　…○○○○○○○○○○○

2個多い

図から、ゼリーの個数は、

9+2=11(個)

となります。

❷この問題も図をかいて考えます。

赤い花12本…○○○○○○○○○○○○

青い花　…○○○○○○○

5本少ない

図から、青い花の本数は、

12−5=7(本)

となります。

❸問題文をよく読み、図をかいて考えます。

あめ14個…○○○○○○○○○○○○○○

ガム　…○○○○○○○○○　5個多い

あめが5個多い→ガムが5個少ない

ですから、ガムの個数は、

14−5=9(個)

となります。

答えを確かめてみましょう。あめが14個、ガムが9個ですから、あめの方が、14−9=5(個)多いので、問題文に合っています。

「おおい」だから「たし算」と短絡的に考えないように注意させましょう。

答えの一の位の「0」を書き忘れないようにさせましょう。

79 ぶんしょうだい③ 159ページ

❶ しき…8＋4＝12　こたえ…12
❷ しき…7＋1＋6＝14　こたえ…14
❸ しき…7＋9－1＝15　こたえ…15

(1)69　(2)55　(3)71　(4)84

間違えたら、解き直しましょう。

ポイント

❶図をかいて考えます。

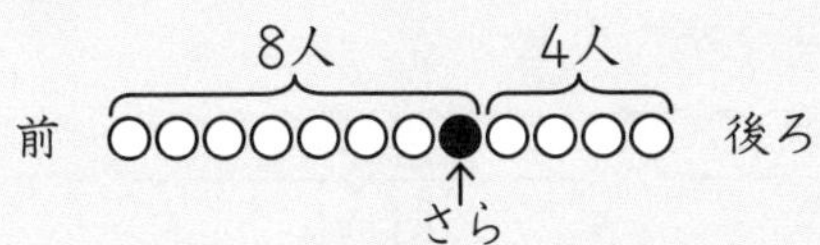

さらさんは、「前から8人」に入っていて、後ろに4人いますから、並んでいるのは全部で、

8＋4＝12(人)

❷ ❶との違いに気を付けて図をかきます。

7人　6人
前 ○○○○○○○●○○○○○○ 後ろ
ゆみ

ゆみさんは、「前から7人」に入っていないので、並んでいるのは全部で、

7＋1＋6＝8＋6
　　　　＝14(人)

❸ ❶、❷との違いに気を付けて図をかきます。

7冊
左 ○○○○○○●○○○○○○○○ 右
算数の本　9冊

算数の本は、「左から7冊」にも「右から9冊」にも入っていますから、そのままたすと重複します。したがって、並んでいる本の数は、

7＋9－1＝16－1
　　　　＝15(冊)

繰り上がりや繰り下がりはありませんので、一の位の数にだけ注目すればよいことに気付かせましょう。

80 まとめの　テスト⑱ 161ページ

❶ しき…7＋5＝12　こたえ…12
❷ しき…9－2＝7　こたえ…7
❸ しき…9＋5＝14　こたえ…14
❹ しき…13－5＝8　こたえ…8

ポイント

❶図をかいて考えます。

子ども7人…○○○○○○○
ミカン　…○○○○○○○○○○○○
5個余る

図から、ミカンの個数は、子どもの人数より5だけ多いことがわかりますから、ミカンの個数は、

7＋5＝12(個)

です。

❷この問題も図をかいて考えます。

いす9つ…○○○○○○○○○
子ども　…○○○○○○○　2つ余る

図から、子どもの人数は、いすの数より2だけ少ないことがわかりますから、子どもの人数は、

9－2＝7(人)

です。

❸同様に、図をかいて考えます。

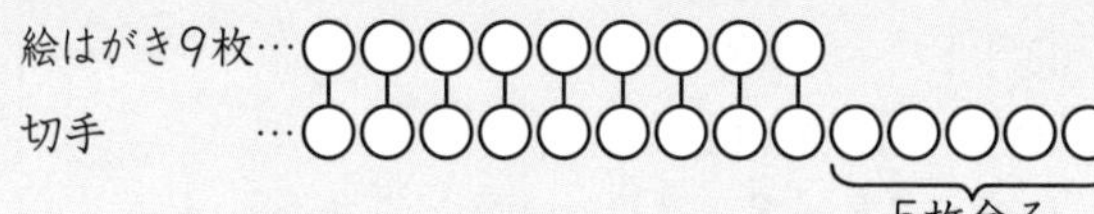

図から、切手の枚数は、絵はがきの枚数より5だけ多いことがわかりますから、切手の枚数は、

9＋5＝14(枚)

です。

❹図をかいて考えます。

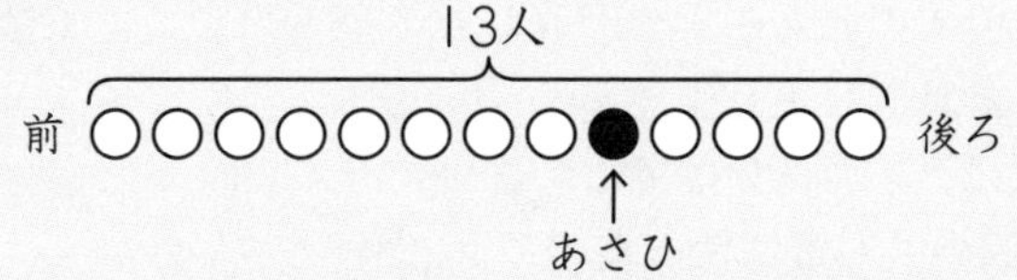

問題文の「うしろから　5ばん目」にあさひさんは含まれていますので、並んでいる人数からあさひさんから後ろの人数の5人をひいて、

13－5＝8(人)

81 そうふくしゅう＋先どり① 163ページ

❶ (1)5 (2)3
(3)3 (4)11
(5)14 (6)9
(7)7 (8)3
(9)7 (10)11
(11)8 (12)0
(13)11 (14)8
(15)9 (16)16

❷ しき…15−8＋10＝17 こたえ…17

❸ (1)32 (2)35
(3)27 (4)25

ポイント

❶繰り上がりのないものとあるもの、繰り下がりのないものとあるものが混じっているので、よく考えて計算させましょう。

❷式は、2つに分けてもかまいません。
15個のうち8個使ったので、15−8＝7(個)
10個買ったので、7＋10＝17(個)

❸20以上の数で、繰り上がりのあるたし算と、繰り下がりのあるひき算です。2年の学習内容なので、先取りになります。
数直線(小学校低学年では「かずのせん」といいます)で、数が1ずつ増えていますから、
右へ1目もり進むと1増える
左へ1目もり進むと1減る
として、目もりを数えて答えます。
(1)29から右に3目もり進んで、32になります。
(2)27から右に8目もり進んで、35になります。
(3)31から左に4目もり進んで、27になります。
(4)34から左に9目もり進んで、25になります。

82 そうふくしゅう＋先どり② 165ページ

❶ (1)16 (2)17
(3)15 (4)13
(5)18 (6)13
(7)15 (8)17
(9)16 (10)15
(11)19 (12)13
(13)18 (14)13
(15)17 (16)19

❷ しき…17−8−7＝2 こたえ…2

❸ (1)71 (2)73
(3)67 (4)68

ポイント

❶たし算とひき算が混じっていますので、気を付けて計算させましょう。

❷式は、2つに分けてもかまいません。
きのう8個食べたので、17−8＝9(個)
今日7個食べたので、9−7＝2(個)
また、きのうと今日で食べたミカンの数を先に求めて、8＋7＝15(個)
残りは、17−15＝2(個)
と計算することもできますが、最後の
17−15＝2
という計算は、2年の範囲になります。

❸(1)68から右に3目もり進んで、71になります。
(2)66から右に7目もり進んで、73になります。
(3)72から左に5目もり進んで、67になります。
(4)74から左に6目もり進んで、68になります。

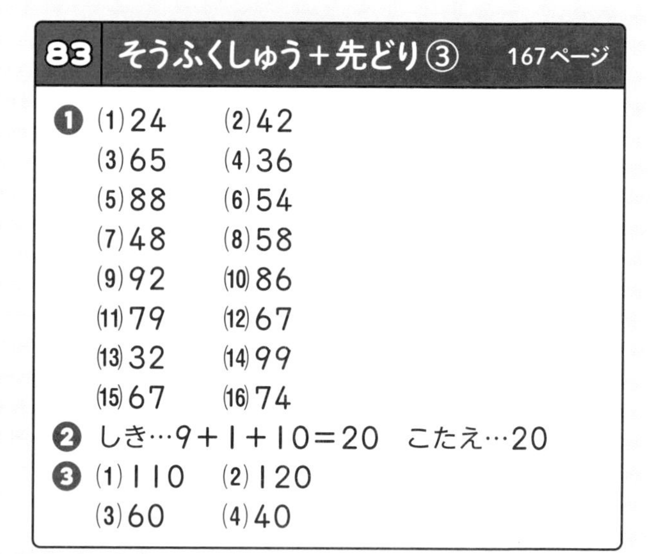

83 そうふくしゅう＋先どり③ 167ページ

❶ (1)24 (2)42
(3)65 (4)36
(5)88 (6)54
(7)48 (8)58
(9)92 (10)86
(11)79 (12)67
(13)32 (14)99
(15)67 (16)74

❷ しき…9＋1＋10＝20 こたえ…20

❸ (1)110 (2)120
(3)60 (4)40

ポイント

❶たし算とひき算が混じっているので、間違えないように計算させましょう。

❷図をかいて考えます。

左 ○○○○○○○○○●○○○○○○○○○○ 右
9人 ゆき 10人

ゆきさんは、左から9人にも、右から10人にも入っていませんから、式は9＋1＋10＝10＋10＝20(人)となります。

❸何十と何十の2数で、繰り上がりのあるたし算と、繰り下がりのあるひき算です。2年の学習内容なので、先取りになります。
数直線で、数が10ずつ増えていますから、
右へ1目もり進むと10増える
左へ1目もり進むと10減る
として、目もりを数えて答えます。
(1)90から右に2目もり進んで、110になります。
(2)50から右に7目もり進んで、120になります。
(3)110から左に5目もり進んで、60になります。
(4)120から左に8目もり進んで、40になります。